陆相沉积地层油层对比方法

王渝明　许运新　黄德利　李士奎

王幼梅　姜在兴　任海滨　马凤成

编著

石油工业出版社

内 容 提 要

本书较详细地介绍了地层、油层划分与对比方法、依据、步骤，以及地层、油层、断层对比实例分析、操作要点和多信息地层对比方法；同时还介绍了层序地层学划分与对比地层的方法及应用实例。

本书可供从事油气勘探、油田开发、勘探开发地质管理工作者及有关院校师生参考。

图书在版编目(CIP)数据

陆相沉积地层油层对比方法/王渝明　许运新等编著
北京：石油工业出版社，2015.9
ISBN 978-7-5021-3470-9

Ⅰ.陆…
Ⅱ.王…
Ⅲ.①陆相-地层划分
②陆相-地层对比
③陆相-油层-划分
④陆相-油层-对比
Ⅳ.P53

中国版本图书馆CIP数据核字(2001)第050456号

石油工业出版社出版
(100011　北京安定门外安华里二区一号楼)
北京中石油彩色印刷有限责任公司印刷
新华书店北京发行所发行
*
850×1168毫米 32开本 6印张 159千字
2015年9月北京第1版 2015年9月北京第2次印刷
定价：32.00元

前　　言

在油气勘探阶段，首先必须准确掌握和了解勘探地区的地层层序，才能有的放矢地寻找有利的勘探对象和勘探目的层。油气田投入开发后，油气田的开发方案设计、油气储量计算、层系、井网调整、油田开采动态管理(分层采油、分层注水、分层配产、分层测试、分层压裂、分层堵水、分层酸化……)等都是在地层、油层划分与对比结果的基础上进行的。因此，地层与油层划分与对比是油气勘探和油田开发重要的地质基础工作。也是提高勘探效率和开发效果的保证。所以，地层、油层的划分与对比方法，是油气勘探地质工作者和油气田开发地质工作者及油气田勘探、开发管理工作者的基本功，应该掌握和学会运用。

应该指出的是：到目前为止，在世界范围内，任何现代化的、高科技的手段，都无法取代地层与油层划分与对比的方法。这是因为地下地质情况是千变万化的，目前人们还不能通过简单的、机械的、计算的方法去完成。只有运用大量的(多方面)、直接的(岩心)、间接的(地球物理勘探)资料，经过综合、分析、化验、对比才能完成。因此，地层与油层划分与对比又是一项艰难、复杂的工作。必须认真对待，才能得出符合客观规律的结果。

本书共八章。第一章简要叙述了地层、油层划分与对比是油气勘探和油气田开发重要的地质基础工作，以及区域地层划分与对比、油气层划分与对比所需要应用的资料及所要解决的问题。

第二章是地质时代与地层。使读者了解并掌握国际地质界规定的地质时代单位的划分，地层单位的划分和各级单位的命名，各地质时代单元的含义。

第三章是地层对比，地层的划分与对比包括区域地层划分与对比和油气层划分与对比。重点论述了地层划分与对比的主要依据及地层划分与对比的方法、步骤。

第四章是油层对比。较详细地论述了油层中单层(小层)对比的方法、步骤及工作程序等。

第五章是断层对比。论述了断层对比的方法和在断层对比中应注意的方面。

第六章是地层、油层、断层对比实例。叙述了松辽盆地、大庆油田等地层与油层划分与对比的实例,及河流砂体储层的小层对比、多信息地层对比和断层对比的实例。

第七章是层序地层学划分与对比地层的方法,非海相层序地层学研究实例。

最后是附录。列出了我国主要沉积盆地地层顺序(示意)。

本书较系统地论述了陆相沉积地层、油层的对比方法。书中所涉及的内容,除了作者多年从事地层与油层划分与对比的实践经验和资料外,实际上包含了我国油气勘探地质工作者、油气田开发地质工作者辛勤劳动的成果。

本书在撰写过程中引用和参阅了国内很多这方面专家公开发表和尚未发表的研究成果和资料。除参考文献已列入外,还重点引用了叶得泉、钟其权、赵传本、张莹等同志的科研成果和资料,及原石油工业部勘探司的部分资料。在此一并致谢。

由于作者水平有限,书中肯定会有错误之处,恳请读者批评指正。

作者

2000年11月于大庆油田

目　　录

第一章　概　　述

地层是地壳历史在不同地质时期内形成的岩层总称。地球在不同历史发展过程中，地球表面都有一套相应的地层形成，它是我们研究地壳发展史的天然物质记录。

在陆相环境（如河流、湖泊等）形成的地层称为陆相沉积。以往的勘探表明，在地壳里90%以上的油气是和沉积岩共生。因为油、气产于沉积岩层之中，所以只有准确掌握勘探地区的地层层序，才能有的放矢地寻找勘探对象和勘探目的层。

为了了解地层时代的新老关系和比较各个不同地区相同时代的地层，以便于进行研究，就需要确定地层时代，从而将不同地区内属同一时代的地层进行对比，即所谓的地层划分与对比。

地层划分与对比是油气勘探工作者在区域地质阶段研究的重要内容，是地质工作的基础。准确地进行地层划分与对比，对了解一个地区的地质发展史、古地理面貌、指导该地区的油气勘探等具有十分重要的意义。

根据油气勘探和其他方面的需要，对每个地区的地层都应根据其形成的先后，以及其在古生物化石、岩性、地层接触关系等各方面的特征，将地层划分成许多单元，并确定其每个单元形成的时代，建立该区的地层层序。这就是我们通常所说的地层划分。实际上，从地层形成的时间上来讲，地层划分就是地质历史各个阶段的划分。

地层划分一般仅在一个比较小的地区，在某一个剖面上进行的。地层划分仅仅是地质工作的第一步。对于区域地质勘探来说，往往是在一个大面积的地区工作，即除了进行一个地区的地层划分外，还必须了解全区的地层。为了解决这个问题，就需要了解地区与地区之间各地层单元在层位上的关系，比较它们的先后顺序，确定出其在形成时期上它们之间相当的各个单元。同时还要了解各地层单元在区域上的变化，如古生物化石、岩相、岩性变化等内容。将不同地区属于同一时代的地层对比起来的工作就是所谓的地层对比。地层划分与对比是相辅相成的，划分是对比的基础，对比能促进和验证划分。

地层的划分和对比依据是多面的，综合性的，而且在野外有露头的岩层，对岩性和化石可以直接观察，对于大面积覆盖的沉积盆地内形成的油田，油层深埋在地下，地层对比主要是通过钻井取岩心，对取出的岩心进行观察、描述、分析、对比，找出化石、岩性、接触关系等沉积特征，再与盆地周边露头地层层序对比，然后确定出本区地层层序。

地层划分与对比，对于我们石油勘探与油田开发工作是非常重要的地质基础工作。油田内油层细分与对比、开发层系的划分、调整等都是在地层对比的基础上进行的。如果一个地区的地层时代搞不清楚，地层划分对比混乱，会直接影响勘探效率和开发效果。因此，地层划分与对比是石油勘探与油田开发工作者的一项非常重要的基础工作。

依据油气田勘探、开发不同阶段的担任务不同，地层划分与对比一般分为区域地层划分与对比和油气层划分与对比。

(1)区域地层划分与对比。这个阶段的地层划分与对比，主要是在油气勘探初期，利用地面地质(露头、探槽、浅钻等)、地球物理勘探(地震、重力、磁力、电法等)、实验室分析资料(包括岩性、物性、古生物、生油指标分析等)，再结合钻井地质、矿场地球物理测井资料等，进行区域地层划分与对比，目的是解决本地区的地层时代、岩层旋回特征、岩层接触关系等，确定生油层、储油层、盖层组合关系、为寻找地质构造、预测油气勘探的有利地区提供依据。

(2)油气层划分与对比。是指油田进入评探和开发阶段后，利用铅井、岩心、测井等资料，研究油层岩性、物性、电性关系。在区域地层对比已确定的含油层系内进行油层的细分和对比，目的是为计算油田储量，合理划分开发展系、井网部署及进行油田开发过程中的动态分析提供地质依据。

区域地层与油层的划分与对比，在理论与方法上基本一致，不同的是划分与对比的范围与任务不同，所利用资料不完全相同。油气层的划分与对比是在地层划分与对比的基础上进行的。因此，区域地层划分与对比和油层的划分与对比之间关系是密不可分的，不能截然分开。严格地讲，油层划分与对比是地层划分与对比的一部分。因为在沉积盆地内，在勘探阶段确定含油层系后，油田开发工作者的首要任务就是搞清油层的分布情况。因此，油田进入开发阶段之前，详细研究油层情况就成为油田地质工作者最基本的基础工作。

第二章　地质时代与地层

一、地质时代

一般我们所理解的时代是指从地球表面由地质作用时期开始到人类历史时期以前的一段漫长岁月。但目前常用的是绝对地质时代和相对地质时代。

1.绝对地质时代

绝对地质时代的意义是计算地球的年龄,也就是计算地球从形成到现在一共经历了多少时间。各国不少科学工作者在这个问题上作了很多努力,但到现在还没有得出一个肯定的答案。有人估计地球年龄为76亿年,有人估计地球年龄为48亿年。但目前根据时代最古老岩石实际测定结果,得其形成年龄是38亿年左右。根据岩石中所含放射性矿物实际测定和计算,可以得到这些岩石形成距现今的具体时间数字,这种利用距现今的时间长短来表明地质时代的新老,就是绝对地质时代的概念。

计算绝对地质时代的方法并不是十分可靠的,也不可能很准确。

2.相对地质时代

地球形成后,由于在地壳发展进程中,生存在地表的生物界是可以体现着受地壳不同演化阶段所表现的自然地理特征所控制,从而产生不同阶段的演化过程。根据地球形成后,地壳上生物的发展和演变、地壳的变化以及沉积环境的变化等,可以树立起时代新老的基本轮廓,在时间上可分为几个阶段。这样所确定的时代彼此之间的关系,仅仅存在着相对的时代概念。这就是有地质学以来一直习惯用的地质时代划分方法——相对地质时代的划分。

3. 相对地质时代单位的划分

相对地质时代划分方法，是国际地质会议确定的。规定将其相对地质时代划分为代、纪、世、期 4 个级别和一个自由使用的时间单位“时”组成。其中代、纪、世是国际性的时间单位，期是大区域性的时间单位，时是地方性的时间单位。下面就对各级时代进行介绍：

(1)代：是地质时代中最大的单位，整个地质时代共分 5 个代，即太古代、元古代、古生代、中生代、新生代。各代之间在时间上是连续的，虽然它们中间曾经有过强烈的或较弱的地壳运动，但决不会引起时间上的间断，仅能表现为代表某些时间的地层缺失。

(2)纪：是代中的次级单位，在每个代中分多少纪是不固定的，除中国目前将第三纪再分为老第三纪和新第三纪两个亚纪外，其余均不再分亚纪。纪通常是采用古动物及古植物的科和属的发展特征来确定的，此外还要考虑地壳运动的因素，因为地壳的震荡运动必然导致古地理的变化，同时也必然会引起动、植物群的变化。常常出现着一个纪的末期是呈显著的海退，而后一纪的初期则又造成广泛海侵的情况，有时海侵以一个纪的中期表现最大，体现出一个纪可分 3 阶段的情景，即使是在二分阶段的纪中也会看到这种情况，当然这是一般的规律，也存在例外的情形。

(3)世：每个纪分为 3 个或两个世，分别称为早世、中世和晚世，或者早世和晚世，在国际通用的地质时代表中，世是最小一级单位，划分世的标志一般是根据古动物或古植物的属和种的发育兴衰来确定的，同样，地壳运动对世的划分也有着重要意义。

(4)期：世内再分期，全国性或大区域性的时代单位，代表着在一定的生物地理区内生物发展的一个较短的阶段。

(5)时(或时代、时期)：其单位级别不固定，可以随意使用，一般做期以下的单位使用，但也可以作为较大时期单位来用。

每一个时间单位都有相应的在这一段时间内所形成的地层单位，它们之间的关系如表 2－1、表 2－2 所示。

表 2-1　地质时代单位和地层单位对照表

使用范围	地质时代划分单位	地层划分单位
国际的	代	界
	纪	系
	世	统
	期	阶
地方的	时(时代、时期)	群
		组
		段
		带
地方的(辅助的地层单位)	时(时代、时期)	杂岩
		地名加岩石名称

表 2-2　各地质时代单位划分表

代	纪	世	代	纪	世
新生代	第四纪	全新世	古生代	泥盆纪	晚世
		更新世			中世
	第三纪	上新世			早世
		中新世		志留纪	晚世
		渐新世			中世
		始新世			早世
		古新世		奥陶纪	晚世
中生代	白垩纪	晚世			中世
		早世			早世
	侏罗纪	晚世		寒武纪	晚世
		中世			中世
		早世			早世
	三叠纪	晚世	元古代	震旦纪	晚世
		中世			中世
		早世			早世
古生代	二叠纪	晚世		早元古代	
		早世	太古代	晚期	
	石炭纪	晚世			
		中世		早期	
		早世			

二、地层单位的划分和各级单位的命名

地球自形成以来经历了漫长的历史。在地球历史发展的每一个阶段,地球表面都有一套相应的地层生成。在正常情况下,后形成的地层总是盖在先形成的地层上面,愈在上面的地层,其年龄越新,愈在下面的地层,其年龄越老。

在地壳中,层层重叠的地层构成了地壳历史的天然物质记录。长期以来,由于生产发展的需要,人们研究了地壳中的地层和它们的层序,并按照一定的原则把全部地层分成了许多层段,而且给每一层段都取了一个特有的名称,使每一个具有专门名称的层段都在地层系统中占有一个特定的位置。

1.地层单位的分级和运用

目前,国际上通用的地层三级单位是界、系、统,此外还有大区域性的次一级的两级单位阶和带以及小区域性的群、组、段、带的各级单位。

(1)界:是国际上通用的最大地层单位,相当一个代的时间内所形成的地层。

(2)系:是国际上通用的第二级地层单位,相当于一个纪的时间内所形成的地层。

(3)统:是国际上通用的第三级地层单位,相当于一个世的时间内所形成的地层。

(4)阶:是国际和大区域内运用的地层单位,相当于一个期的时间内形成的地层。

(5)群:是最大的地方性的单位,包括着一套厚度较大、岩性组成较复杂的岩层,代表的时间范围不固定,一般相当一个世的时间内形成的地层,也可能跨两个世,或超过一个纪甚至是占两个纪时间内形成的地层,有的还可以代表不足一个世的时间内所形成的地层。群的运用范围灵活性是比较大的。

(6)组:是地方性第二级地层单位,也是经常用到的最基本的

单位,一般由一种岩性或由夹层所形成的韵律层所组成,并代表一种岩相特征。

(7)段:是组以下再分的地方性第三级单位。

(8)带:是地方性第四级单位,代表着一个或几个标准化石属种生存期间所形成的地层。

(9)杂岩:是地层划分上的辅助单位,代表着一大套复杂的沉积、喷发或变质岩层。

(10)地名加上岩石名称的地层单位:这种单位在中国应用广泛,只能算做临时性辅助单位,有时大致相当于统或组,甚至也可以相当于段,范围是不固定的。

关于各级地层单位目前适用情况可见表2-3、表2-4。

表2-3 各级地层单位对比表

国际通用的单位	全国的或大区的单位	地方性的单位
界		
系		
统		群
	阶	组
		段
	带	带

2. 地层符号的规定

(1)界的符号(由新至老):

新生界:Cz

中生界:Mz

古生界:Pz

元古界:Pt

太古界:Ar

时代不明的变质岩系:M

前寒武系:An∈

前震旦系:AnZ

表 2－4　地层顺序表

地层单位 地层符号(1960 年国家科委批准)				距今年数 10^6a	造山运动		主要现象
新生界 Cz	第四系 Q	全新统 Q_4		0.025		喜马拉雅构造阶段(新阿尔卑斯构造阶段)	人类新石器时代开始
		更新统 Qp	上更新统 Q_3 中更新统 Q_2 下更新统 Q_1	1	陇山运动		冰川广布，北极圈、欧亚北美诸州北方大部地区均为冰雪覆盖。黄土生成，人类发生
	新第三系 N	上新统 N_2	上部上新统 N_2^3 中部上新统 N_2^2 下部上新统 N_2^1	12	茅山运动		第三纪山系形成，喜马拉雅运动主要活动期是第三纪中末期，很多大山系如喜马拉雅山系、台湾山系都在这次运动中形成。中国西部在整个第三纪也有山系(天山、南山)不断上冲
		中新统 N_1	中新统 N_1	28	四川运动		
	老第三系 E	渐新统 E_3	渐新统 E_3	40			哺乳类分化
		始新统 E_2 古新统 E_1	古新—始新统 E_{1+2}	67	燕山运动	燕山构造阶段(旧阿尔卑斯构造阶段)	蔬果繁盛，哺乳类急速发展。新生代是哺乳类动物的时代
中生界 Mz	白垩系 K		上白垩统 K_2 下白垩统 K_1	137			广大海侵，晚期造山作用强烈，火成岩活动，矿产生成
	侏罗系 J		上侏罗统 J_3 中侏罗统 J_2 下侏罗统 J_1	190	印华运动		恐龙菊石极盛，全球第二次森林广布，煤田生成
	三叠系 T		上 T_3　中 T_2　下 T_1	230			陆地增大，恐龙发育，哺乳类开始

续表

地层单位 地层符号(1960年国家科委批准)			距今年数 10^6a	造山运动		主要现象
上古生界 Pz_2	二叠系 P	上二叠统 P_2 下二叠统 P_1	280	东吴运动	海西构造阶段(华力西构造阶段)	造山作用强烈,生物剧变
	石炭系 C	上石炭统 C_3 中石炭统 C_2 下石炭统 C_1	350			早期珊瑚礁发育,爬行类、昆虫发生,北半球煤田生成,南半球末期冰川广布
	泥盆系 D	上 D_3 中 D_2 下 D_1	405	南山运动		陆生植物发育,腕足类、鱼类极盛,两栖类发育
下古生界 Pz_1	志留系 S	上 S_3 中 S_2 下 S_1	440		加里东构造运动阶段	珊瑚礁发育,气候局部干燥,末期造山运行强烈
	奥陶系 O	上 O_3 中 O_2 下 O_1	500			地势低平,海水广布。无脊椎动物极盛
	寒武系 ∈	上 $\in_3$ 中 $\in_2$ 下 $\in_1$	570	太康运动		浅海广布,生物开始大量发展
上元古界(Pt_2)(震旦亚界 Z)	震旦系 Zz	上统 Zz_2	700			早期地形不平、冰川广布,晚期海侵加广
		下统 Zz_1	800			
	青白口系 Zq		1000	吕梁运动		
	蓟县系 Zj		1400			
	长城系 Zc		1800			
下元古界(Pt_1)	上部 Pt_1^2:滹沱群		2000	五台运动		早期沉积深厚,晚期造山作用变质强烈,火成岩活动,矿产生成
	下部 Pt_1^1:五台群		2450			
太古界 Ar	鞍山群桑乾群					早期基性喷发,继以造山作用变质强烈,花岗岩侵入,生物发生

(2)亚界的符号:

上古生界:Pz_2

下古生界:Pz_1

上元生界:Pt_2

下元生界:Pt_1

(3)系的符号:

第四系:Q

第三系:R

白垩系:K

侏罗系:J

三叠系:T

二叠系:P
石炭系:C (上古生界)
泥盆系:D

志留系:S
奥陶系:O (下古生界)
寒武系:$\in$

震旦系:Z(上元古界)

(4)亚系的符号:

新第三系:N

老第三系:E

(5)统的符号:

三分{
上统:如上寒武统$\in_3$
中统:如中寒武统$\in_2$
下统:如下寒武统$\in_1$

二分{
上统:如上白垩统 K_2
下统:如下白垩统 K_1

(6)阶的符号:

如中泥盆统:吉维琴阶 D_2^2

爱菲尔阶 D_2^1

(7)群、组、段、带：符号于相应的系、统、阶符号后面加上汉语拉丁拼音字母。

三、各地质时代单元的含义

1. 太古代

从地壳形成到原始生物出现前为止，这一段地质时代叫太古代或隐生宙，也叫前震旦纪，外国地质学者也将太古代和以后的元古代合称为前寒武纪。

在这期间发生了两次较大规模的造山运动。在我国，第一次称为泰山运动，第二次称为五台运动。太古代地层的特点是岩层大都为变质很深的花岗片麻岩。根据科学家的研究，在太古代地层中没有找到化石，因而认为当时还没有生物。

2. 元古代(震旦纪)

是指从太古代以后到古生代开始以前的一段地质历史时期。在中国，划分为滹沱纪和震旦纪，尤其以震旦纪为主要。

“震旦”一名为古代印度用以称中国的译音，一百多年前美国人庞卑来将“震旦”一名用于地质学中，表示中国东部常见的北东向构造线。

震旦纪是元古代的后期，在震旦系中常找到低等生物如藻类等的化石，因此可以认为是开始有生物的标志。震旦纪的岩层在中国分布很广，一般未变质。

震旦纪初期，有大规模冰川活动，曾在我国湖北宜昌发现南沱冰碛层，说明当时气候寒冷。后期发生海侵，在我国华南、华北、江南及内蒙一带形成海相石灰岩。

发生震旦纪的吕梁运动(华南为晋宁运动)，使中国陆台的轮廓基本形成。

3. 古生代

古生代是从元古代以后到中生代以前的一段地质历史时期，分为寒武、奥陶、志留、泥盆、石炭、二叠 6 个纪。其中前 3 个称下古生代；后 3 个纪称上古生代。

古生代的得名，是由于在这一地质时期中出现了第一批生物，并且很多生物以后完全灭绝，如笔石和三叶虫等。

古生代曾发生两次造山运动，一次是发生在寒武纪到泥盆纪的加里东运动，另一次是发生石炭纪到二叠纪的海西运动。

(1)寒武纪：是古生代的第一个纪，由于最早在英国威尔斯地区发现寒武纪地层，古罗马帝国时代威尔斯称为“寒武”，所以命名为寒武纪。

寒武纪是一个比较平静的时期，在世界各处广泛发生海侵，将各地相互沟通。在中国，当时由于地壳缓慢下降，海水由西南侵入，经由华东、华北与北冰洋侵入的海水汇合。这一时期的生物很多，以三叶虫和古杯海绵等为代表。由于在世界各地普遍发现古杯海绵及藻类化石，以及砂泥相的沉积，说明当时是以气候温暖的浅水环境为主。

(2)奥陶纪：奥陶纪是古生代第二个纪，“奥陶”是古代英国威尔斯一个部族的名字，以那里首先发现和研究奥陶纪地层而得名。

寒武纪末期，部分地区海水退却，到奥陶纪各处又发生海侵。在中国奥陶纪沉积广泛，分为两个区域，华北以碳酸盐岩石为主，华南以碎屑岩、笔石页岩为主，代表着不同的沉积环境。

奥陶纪的生物主要有笔石、三叶虫以及头足类中的珠角石、直角石，腕足类中的正形贝、扬子贝、海林檎等。

(3)志留纪：志留纪是古生代的第三个纪，起源于古罗马时期英国威尔斯“志留”部族，在那里首先发现和研究志留纪地层而得名。

志留纪仍然是一个平静的海侵时期。奥陶纪末期部分地区海退；到志留纪海侵又继续发生，开始沉积碎屑岩；中志留纪时海侵继续扩展，沉积岩主要为石灰岩；到上志留纪时发生海退，沉积泥质灰岩与硅质页岩互层，构成许多小的沉积旋回。海退期间在我国西南还造成了一些内海盆地。这一时期气候温和，生物繁盛，个别地区为沙漠气候。

这一时期主要生物有笔石、层孔虫、珊瑚、苔藓虫、三叶虫、腕足类等。

(4)泥盆纪:是古生代第四个纪,起名于英国古代的"泥盆"领地,在那里首先研究泥盆纪地层。志留纪末期发生了加里东造山运动,到泥盆纪时期发展剧烈,在震旦纪陆台的周围形成了许多山脉,同时也形成了许多高原和盆地,造成了地形和气候的变化,因而生物也起了变化,三叶虫和笔石衰落,水中出现了鱼类,陆地上出现了大量裸蕨植物群,还有古鳞木和古芦木等。

(5)石炭纪:石炭纪是古生代第五个纪,以盛产煤而得名。发生在石炭纪的海西造山运动,在原来加里东陆台周围又形成了新的山系,我国的天山、祁连山等便是这时形成的。

石炭纪是一个气候温暖的时期,世界各地植物繁茂,由于海侵广泛进行,造成了煤炭埋藏的有利条件。在我国南方,由于海水较深,常形成巨厚的石灰岩。

石炭纪主要生物:动物中有珊瑚、纺锤虫、头足类和腕足类等,昆虫和两栖类、爬虫类开始出现;植物中有鳞木、封印木和芦木等。

(6)二叠纪:是古生代最后一个纪,起源于德国学者魏尔纳在德国研究该纪地层,那里的地层明显地分为上下两层(陆相和海相)。

发生于石炭纪的海西运动,到二叠纪时更为激烈。在我国北方形成了几个陆相盆地,与石炭纪连续沉积,一般称石炭二叠纪;在南方发生大规模海侵,沉积了巨厚的海相石灰岩,海水退去后,又开始新的海侵。

二叠纪主要生物为纺锤虫、珊瑚、腕足类和菊石等,前一时期极盛一时的三叶虫、四射珊瑚等逐渐灭绝。出现了高级爬虫类——锯齿龙。植物中封印木、鳞木开始衰落,代之而起的是松柏类、苏铁类以及大羽羊齿等。

4. 中生代

是古生代之后的一个地质时代,分为三叠、侏罗、白垩3个纪。

在这段地史时期中,地壳继续发生变化。在远东及美洲太平洋沿岸地区,地壳运动剧烈,称为燕山运动。

在生物方面,也出现了很大的变化。古生代兴盛的三叶虫和笔石完全绝迹,爬行动物、菊石和箭石大为兴盛。在植物方面,以银杏、苏铁和松柏为主,逐渐代替了以前的羊齿植物。中生代末期,出现了显花植物、低级的哺乳类动物和高级鸟类。

(1)三叠纪:是中生代第一个纪。以德国学者魏尔纳在德国研究该纪地层时,那里的地层明显地分为三层(下为杂色砂岩、中为贝壳灰岩、上为含煤红色泥灰岩)而得名。

三叠纪是地质历史上一个比较平静的时期。在我国北部,三叠纪为陆相沉积,一般与二叠纪呈整合接触。在我国南部,三叠纪为浅海相沉积,长江下游及西南各省均被海水淹没,形成分布广泛的砂岩和页岩沉积。

三叠纪的主要生物有菊石和爬行运物的恐龙。在植物方面,以松柏、苏铁及羊齿植物为主。

(2)侏罗纪:是中生代第二个纪。以最先在瑞士侏罗山研究该地层而得名。

在侏罗纪开始,中国大陆除西藏地区外,都已上升为陆地。因此,我国侏罗纪地层大都为陆相地层。由于侏罗纪气候温暖,雨量充足,植物繁盛,造成了成煤的良好条件,是地质历史上第二个成煤时期。燕山运动在本纪开始。

侏罗纪是爬行动物极盛一时的时代。水中有鱼龙、蛇劲龙,陆地上有梁龙、剑龙,空中有飞龙。在海水中,以菊石、珊瑚、腕足动物及节肢动物为主。植物则以银杏、松柏、苏铁及羊齿为主。侏罗纪末期出现了原始鸟类。

(3)白垩纪:是中生代最后一个纪,以盛产白垩而得名。

白垩纪是一次剧烈的造山运动(燕山运动)和大规模海侵时期。在我国很多地方形成强烈的火山活动。白垩纪海侵虽波及我国,但当时我国大部分地区均已上升为陆地。

白垩纪生物仍以菊石、恐龙等为主。植物则主要有苏铁和松柏等。在白垩纪末期,恐龙、菊石逐渐灰绝,出现了更高级动物和植物,如走禽类、哺乳类动物以及显花植物等。

5. 新生代

是地质历史时期最后一个时代，分第三纪和第四纪两个纪。

由于新生代时间短，距离现代近，地层保存比较完整和全面，与人类现实生活的关系最密切，所以研究得也最详细。

在新生代时期，除了初期阶段我国的西藏、台湾等地仍为地槽区外，其他地区均已上升为陆地。新生代是哺乳动物兴盛的时代。在植物方面，是种子植物兴盛时代。

(1)第三纪：是新生代的第一纪。19 世纪意大利学者将地层系统分为 3 个纪：第一纪是结晶岩系，第二纪包括第一纪周围的经受变动的沉积岩层，第三纪则是未经固结的沉积物。以后又将最新的沉积物命名为第四纪。现在第一纪、第二纪的名称均已不用了，第三纪、第四纪的名称还在沿用。

第三纪时我国陆地轮廓与现代已很接近，除西藏及台湾有海相地层外，其他大都为陆相沉积。在新老第三纪之间发生喜马拉雅造山运动，形成喜马拉雅山脉。

(2)第四纪：是地质历史最近的一个纪，延续仅一百万年左右。早期出现冰川活动，后来则是冲积时期，构成了现代的冲积盖层。这个时期的特殊生物有猛犸象、剑齿虎、独角犀等。猿人开始发展，人类开始形成。

第三章　地层对比

一、地层的划分与对比

地球在不同的历史发展过程中,在地壳上沉积了一套复杂的地层。世界各个地区内沉积的地层又是千变万化的,人们为了地质勘探和其他方面的需要,要了解地层时代的新老和比较各个不同地区内相同时代的地层。那么,如何确定地层的时代？又如何将不同地区内属于同一时代的地层一进行对比呢？这一系列的工作就是所谓的地层划分与对比。

地层划分和对比是区域地质研究的重要内容。正确的地层划分与对比,是一切地质工作的基础,它对于恢复一个地区的地质发展史、了解该区的古地理面貌、指导该区的矿产勘探等方面都有着十分重要的意义。

对于我们的石油勘探与开发工作来说,地层划分、对比也是非常重要的。油田区域内油层的细分与对比、开发层系的划分等就是在地层对比的基础上进行的。如果一个地区的地层层序紊乱或我们对地层地质时代不清楚,不仅制定工程措施缺乏根据,而且还可能发生事故。因此,也可以说地层划分与对比是石油勘探与开发工作的基础。应当引起足够重视。

根据油气田勘探、开发过程中各阶段任务的不同,地层划分与对比大体分为两大类。

1.区域地层划分与对比

在勘探初期,利用地面地质、地球物理勘探、实验室分析资料(对岩性、物性、生油指标的分析,以及对古生物的鉴定),结合钻井及地球物理测井等资料,进行区域地层的划分与对比,主要解决地层的时代,接触关系,确定生、储、盖组合关系,为研究地质构造、预测油气勘探的有利地带提供依据。

2. 油气层划分与对比

油田进入详探和开发阶段后，钻井和测井资料增多，在研究储油层岩性、储油物性和电性关系的基础上，在经区域对比已确定的含油层系内进行油层的细分和对比，为计算储量、合理划分开发层系、部署井网、进行动态分析提供可靠的地质依据。

区域地层与油层的划分对比，在理论上和方法上基本相同，只不过它们任务不同、对比单元的大小不同、资料的基础和丰富程度等不同而已。区域地层与油层的划分对比关系密切，不能截然分开。下面着重介绍区域地层的划分与对比。

二、地层划分与对比的依据

地层划分与对比的主要依据有：古生物化石资料、露头和岩心观察、岩层接触关系、沉积旋回、沉积特征、重矿物、岩浆活动和变质作用、地球物理特征、岩石化学资料、粘土岩差热分析、微量元素、古地磁、吸附元素、碳酸盐残渣分析及岩石发光现象等。

其中古生物化石是地层划分与对比的主要依据之一。生物演化的阶段性和不可逆性决定了在一定的地史时期内，有一定的生物类别；不同的时期，生物的种类也不同。任何一种生物，在地球历史的发展过程中，只能出现一次，也就是说不同时代的地层内，所含的化石种类是不同的。而同一时代的地层，则含有相同种类的化石。利用这一特点，就可以把各个不同时期的地层区分开来，从而确定相对地质年代。

由于地壳运动速度和强度的不同，使得自然地理环境发生很大的改变，进而造成了地层间各种不同的接触关系，因此，各种接触关系可以作为划分与对比地层的重要标志。

同一地区不同地质时期、不同沉积环境下形成性质不同的地层，而不同地区同一地质时期形成的地层沉积特征相同或大致相似，根据地层的这种个性和共性，便可划分和对比地层。此外，根据地壳周期性升降运动的结果，使沉积岩具有的旋回性也可以进行地层的划分与对比。

在以上几方面的基础上发展起来的地层划分与对比方法主要有:生物地层学的方法、岩石地层学的方法、构造学的方法以及地球物理测井的方法等。

1.古生物化石对比方法

1)标准化石法

古生物化石在地层划分与对比中有着非常重要的意义,但是并不是所有的生物化石都能起同等重要的作用。一般说来,只有标准化石才具有特殊重要的意义。

什么叫标准化石呢?如前所述,是那些在地史上生存延续时间短、演化迅速而特征明显、地理分布广泛的生物化石。利用化石来确定地层的相对年代的方法称为标准化石法。例如,雷氏三叶虫属仅生存于早寒武世,它的一些种是早寒武世比较理想的标准化石,又如奥陶纪、志留纪的笔石,石炭纪、二叠纪的蜓化石等都是重要的标准化石。

此外,有的生物生存时间长,变异不显著,如腕足类的舌形贝,寒武纪开始出现,一直到现代海洋中尚有,因此不能作为标准化石来划分和对比地层。

利用标准化石对比地层,方法简便、可靠,不受岩性变化的限制,可进行大区域的地层对比,图3-1表明了利用标准化石——三叶虫进行早寒武世地层的划分和对比。

如图3-1所示,滇东下寒武统发育最好,三叶虫丰富,是我国下寒武统分层对比的标准地区。根据三叶虫种属变化情况,鄂西、淮南,以及山东张夏的早寒武世地层均可与滇东对比。

由于各门类的标准化石有限,代表性不一致,而且在进行钻井地层对比时,又很难获得完整的标准化石,因此,仅利用标准化石法进行地层的划分与对比有一定困难,还需采用其他的方法。

要注意的是标准化石具相对性,它只在一定的时间和空间范围内才有意义。

2)微体古生物化石法

微体古生物化石具有个体小、数量多、属种繁多、演化快、生物

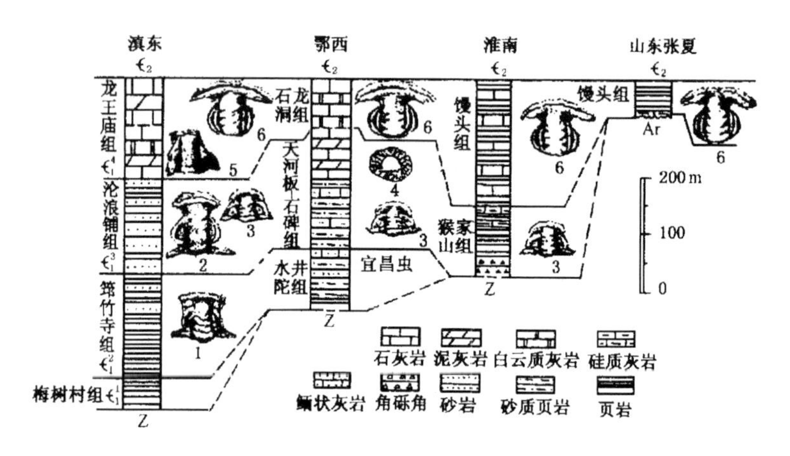

图 3-1　早寒武世地层柱状对比图

1—始莱得利基虫；2—马氏莱得利基虫；3—古油节虫；

4—厚杯属；5—密马卡虫；6—中华莱得利基虫

群分区现象明显等特点，所以微体古生物化石法对于不含大型化石的地层，或虽含大型化石但很难获取的情况下，有特殊的意义，尤其是对钻井剖面对比，微体古生物化石法的效果是比较好的。目前在我国各含油区地层对比中，多采用介形虫、轮藻和孢粉等。

介形虫化石对比：介形虫化石个体小、种类和数量多、系统演化的阶段短而明显，且地理分布很广，在地史上延续时间很长（从寒武纪到现在都有），但每个地区不同地质时期的介形虫各具有其独特的特征，因此它是一种应用广泛的分层对比标志，对于中、新生代陆相地层有特别重要的意义。

因介形虫种类分区现象明显，应用时必须在各个地区建立自己的介形虫组合标准剖面，以此作为本区介形虫化石对比的标准。

2. *岩石沉积特征对比方法*

1）岩性标准层法

地层岩石性质及特征是地层对比的基本依据，是其他地层对比方法的基础。

在利用岩性进行对比时，常常利用岩性标准层进行地层对比。岩性标准层就是具有区域性对比标志的岩层，它的条件是：岩石特征突出，岩性稳定，厚度不大，且变化小。根据标准层特征的明显程度和稳定范围的不同可分为主要标准层（区域标准层）和辅助标准层。例如大庆油田白垩系嫩江组的黑色叶肢介页岩为该区的区域标准层，济阳坳陷第三系沙河街组的灰白色生物灰岩为该盆地的标准层，又如四川三叠系嘉陵江组 TC_3^5 底的绿豆岩为该盆地的区域标准层。选定了标准层，则大大便于进行地层划分和对比。

2）特殊标志层法

当岩性纵、横向变化大，找不到标准层时，常利用特殊标志层进行地层的划分与对比。所谓标志层是指颜色、成分、结构、构造等方面有特殊标志的岩层，它容易与上、下地层区别。例如，具有特殊标志的鲕状灰岩、竹叶状灰岩、眼球状灰岩，以及含石膏团块、燧石结核等的岩层都可作为良好的标志层用于地层对比。

运用标志层法必须注意标志层沿走向的岩性变化。机械地认定一种岩性为标志层，而不考虑各种条件的变化，必然会产生错误。

3）旋回对比法

地壳周期性升降运动的结果，引起了地壳上海水进退和沉积环境相似重复的变化，导致岩石性质在纵向上有规律的变化，反映在地层剖面上，岩性呈有规律重复出现的现象就叫做沉积岩的旋回性。如图 3－2 所示。其中岩性组合的每一个重复，都叫一个“沉积旋回”，有人又把岩性有规律的重复现象称为韵律。而沉积旋回一般是指与地壳构造运动密切相关的、较大节奏性的沉积阶段。一个旋回可以由一个较厚的完整韵律组成，也可以由若干个岩性成因组合相似的韵律组成。沉积韵律是沉积地层中的一种普遍现象，在各种成因（如海相、陆相等）的沉积地层中均有韵律存在。沉积旋回最明显的表现是在岩石粒度变化上。一个完整的沉积旋回包含正旋回和反旋回两部分。正旋回是指岩性自下而上由粗

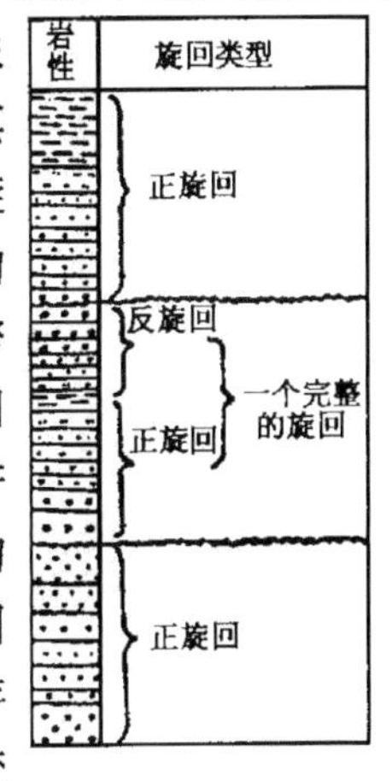

图 3－2　沉积旋回示意图

变细的现象，而反旋回指岩性自下而上由细变粗的现象。正、反旋回如图 3-2 所示。

由于地壳运动通常要影响到比较大的范围，因而在同一个时期内，尽管不同地区的沉积物在成分上可能有所不同，但在同一次地壳运动所波及的范围以内，沉积物成分在剖面上的变化趋势却是相同的。例如海侵过程中沉积物粒度在剖面上自上而下是由粗到细的变化，而海退过程则是由细到粗的变化，这个变化规律在各地都是一样的。由于每一个沉积旋回均代表了地壳振荡运动的一个周期，代表了地壳运动的一个特定阶段，所以，在一般情况下，同一个旋回性在相当大的范围内都具有形成时期上的一致性。这就是利用沉积旋回或韵律进行地层对比的基本原理。

沉积旋回与地壳相对升降所引起的海水进退密切相关。如图 3-3 所示。

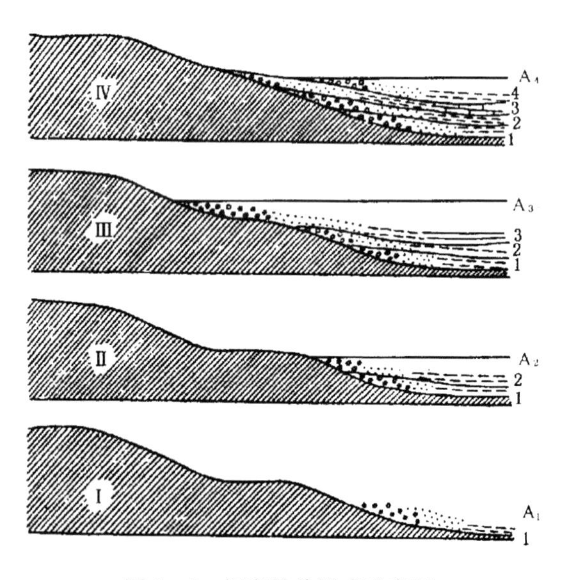

图 3-3 沉积韵律形成示意图

Ⅰ—海侵以前时期；Ⅱ—海侵初期；Ⅲ—海侵扩大时期；
Ⅳ—海退时期；1～4—各个时期的沉积岩层；
A_1～A_4—各个时期的海平面

图上 $A_1 \sim A_4$ 代表海平面在不同时期的位置。自Ⅰ到Ⅲ，海平面不断升高，陆地相对下降，海水由右向左侵进，沉积的1、2、3层属于海进时期的产物，一般由粗粒(如砂、砾岩)逐渐过渡为细粒(如泥、灰岩)，在形成环境上反映了由滨海到浅海沉积的过程称为海进岩系。对于沉积基底，依次向左，每一层新地层超越较老地层，且掩覆于基底之上，这种地层的位置关系称为超覆。自Ⅲ至Ⅳ海平面降低，陆地相对上升，海水由左向右撤退，形成的沉积属于海退时期的产物，一般由细粒逐渐过渡为粗粒称为海退岩系。这种位置关系称为退覆。海相沉积中，一个完整的韵律包含一套海侵层序和一套海退层序，可称为整韵律。如韵律只有海侵层序或海退层序则称为海侵型或海退型半韵律。利用沉积旋回、韵律可以划分、对比地层，如图3－4所示。

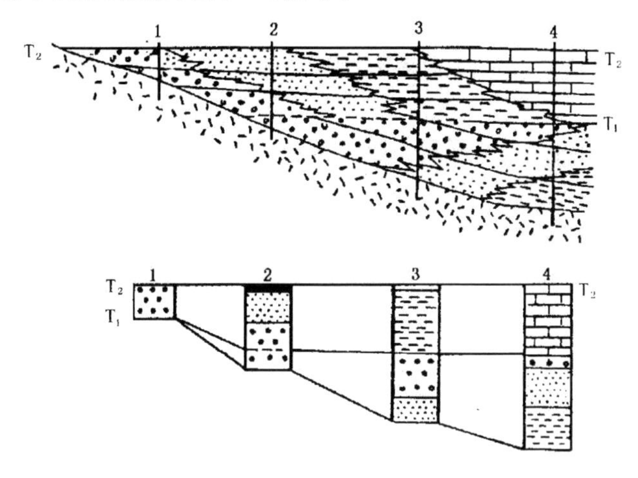

图3－4　根据沉积韵律对比地层

T_1T_1，T_2T_2—等时面；1、2、3、4—地层剖面

图3－4是一个盆地的横剖面，这个盆地经历了早期海退，后期海侵的复杂历史。从几个剖面的对比看出，虽然在相同的时间间隔内，各剖面的韵律发育情况不同，但其韵律类型是一致的，按照韵律类型分为两个岩石地层单位。下部为海退型半韵律组合，上部为海侵型半韵律组合(图3－4下图)。

韵律有大、有小。有的小韵律仅几厘米至几十厘米。旋回也有大小、级次之分,根据地壳运动的特点、岩类序列和组合关系等,旋回由大到小可以划分成若干级。在油田勘探开发工作中,一般将地层的沉积旋回分为四级,用以作为地层对比的不同对比单位。

沉积旋回对比法目前在现场应用很广泛。

3.岩层接触关系对比法

利用地层之间的接触关系来划分、对比地层的方法称为构造学的方法。地层接触关系是地壳运动状况的直接反映。由于地壳运动的速度和强度不同,形成地层间各种不同的接触关系。

1)整合接触

当沉积地区处于相对稳定的条件下,形成上、下两套连续沉积的地层,其间无沉积间断,层与层之间的接触面平整,没有古风化剥蚀面,岩层层理面互相平行,地质时代连续,岩性渐变,这种接触关系称为整合接触或连续接触(图 3－5)。它反映了地壳运动的连续性和运动的单一性。

2)假整合接触(平行不整合接触)

在沉积过程中,地壳运动使沉积区上升,并超过了侵蚀基准面,结果使沉积发生间断,以后又再一次下降接受沉积。因此,在地层剖面中,显示出地层缺失,形成了沉积间断。上、下两套地层之间就存在着一个假整合面,假整合面高低不平,保留有侵蚀、风化的痕迹,且两套岩性突变,但产状无明显变化,互相平行,这样的接触关系称为假整合接触或平行不整合接触,如图 3－6 所示。假整合接触关系反映了地壳在相当大的范围内的均衡上升。

3)不整合接触

地层沉积以后,遭受强烈的地壳运动而产生褶皱、断裂,以及强烈的变质作用、岩浆侵入和喷发活动,其后又由于地壳上升,遭受风化剥蚀,经过长时期的沉积间断以后,地壳再次下沉,接受沉积,这样就造成上、下两套产状完全不同的地层,其间有明显的地层缺失及风化剥蚀现象。这种接触关系称为不整合接触或角度不整合，如图 3－7 所示。不整合反映了该区发生过强烈的地壳运动。

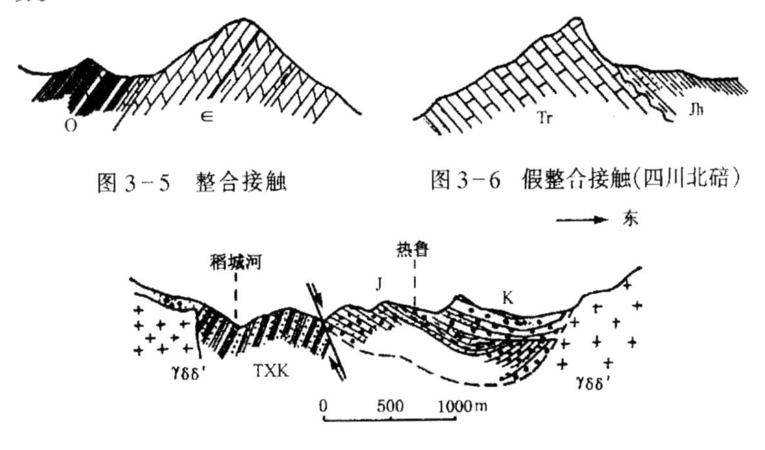

图 3－5　整合接触

图 3－6　假整合接触(四川北碚)

图 3－7　不整合接触

地层的接触关系是地壳运动的重要记录之一。每一个不整合现象，都反映了地壳的一次比较强烈的运动。不整合接触关系代表了两个不同沉积阶段形成的两套地层，不整合面是很好的自然分界面。所以研究地层接触关系，可正确地划分地层界限，恢复地质发展史。

利用地层的接触关系，主要是利用不整合面划分和对比地层。如图 3－8 表明华蓥山二叠系剖面中存在着 3 个平行不整合面，二叠系下与志留系分界，上与三叠系分界，中间是上、下二叠统的分界。这 3 个分界面的接触关系都是平行不整合。此方法十分简便，但在对比时必须注意，地壳运动往往是区域性的，并非全球性的，不整合面只是在一定范围内存在。在利用不整合面划分地层(图 3－8)的基础上，可以进一步作地层对比。

4. 地球化学指标对比法

1)氯化盐、氯离子

海水与淡水最明显的区别是含盐量不同，现代海水中含盐量一般是 3.5%，氯离子含量 1.93%，而淡水中的含盐量一般小于

时代				剖面	厚度 m	岩性特性
三叠系		飞仙关组	6	T		黄色页岩夹石夹岩,底为黄色页岩,风化残余物及铁质侵染
二叠系	上二叠统(乐平统)	长兴组	5		60	灰至深灰色石灰岩为主,中部泥质,白云质灰岩,夹有燧石结核
		龙潭组	4		120	含煤岩系为主,页岩,细砂岩,夹有燧石层及石灰岩,底部有风化残余物,含粘土及黄铁矿
	下二叠统(阳新统)	茅口组	3		195	生物灰岩、泥灰岩、虎皮状灰岩。底部有少量燧石条带
		栖霞组	2		104	含白云质石灰岩夹燧石条带，底部灰质页岩及泥灰岩
		梁山组	1		3	绿杂色浅灰色页岩及粘土，含黄铁矿颗粒，裂缝中有氧化物
志留系				S		页岩石灰岩

图3-8　华蓥山二叠系剖面

0.05%,氯离子含量小于0.03%,在海相地层的泥岩中氯离子含量一般是0.2%~0.3%,而正常的淡水沉积中氯离子含量为0.01%~0.02%,差不多相差10倍左右。泥岩原生水的氯离子含量,一般认为在成岩后生作用中不参加离子交换反应,不易产生沉淀和消失,基本上能代表原始沉积时期水介质中的氯离子含量。因此泥岩中氯离子的测定,可以反映古盐度。松辽盆地白垩纪地层中一共分析了73口井3071块样品的氯化盐、氯离子含量,见表3-1。从表中可知氯化盐含量的变化范围为0.023%~0.058%,

氯离子的变化范围为0.014%～0.035%。不同层位其各项含量是不同的，从而可以进行地层对比。

表3-1 氯化盐与氯离子含量统计表

层位		氯化盐，%	氯离子，%
嫩江组	嫩五段	0.033	0.020
	嫩四段	0.028	0.017
	嫩三段	0.023	0.014
	嫩二段	0.025	0.015
	嫩一段	0.031	0.019
姚家组	姚二、三段	0.035	0.021
	姚一段	0.040	0.024
青山口组	青二、三段	0.038	0.023
	青一段	0.038	0.023
泉头组	泉四段	0.045	0.027
	泉三段	0.038	0.023
	泉二段	0.048	0.029
	泉一段	0.058	0.035

2)碳同位素

自然界中碳的稳定同位素C^{12}、C^{13}在性质上有明显的差异，C^{12}易于从水中逸出进入大气，海水由于长期与空气交换，因此C^{13}相对比大气、淡水湖泊富集，同时在沉积物或原油中的碳同位素也反映出海相与陆相不同。

沉积物中的碳同位素，我们分析了45块样品，层位自泉四段至明一段δC^{13}为$-0.83\%\sim+0.44\%$。一般陆相沉积物δC^{13}变化范围大($-1.6\%\sim+0.3\%$)，海相沉积物的变化范围小($-0.3\%\sim+0.2\%$)。因此，根据陆相沉积物碳同位素变化大的特点，可以进行地层对比。

5.重矿物对比法

在碎屑岩中，除了常见的长石和石英之外，往往还含有一些重矿物(相对密度大于2.86)，如黄铁矿、锆石、石榴子石等。它们的含量虽然有限，但研究岩石中重矿物的成分和组合关系，可以推测沉积岩的碎屑来源。在同一沉积盆地里,同一时期的地层,只要其沉积物来源一致,则所含的重矿物应相同或大致相似。而不同时期的沉积物其重矿物成分和组合关系是不相同的。因此,可以根据重矿物来划分与对比地层。通常是用百分统计的方法来进行研究。

6.岩浆活动和变质作用

岩浆活动和变质作用是伴随地壳运动而产生的两种内力地质作用,常常出现在地壳运动的一定阶段。它们在漫长的地史时期往往具有活动的多期性。每一期岩浆活动和变质作用,它只能影响到该期及该期以前所形成的地层。这样,在掌握一个地区岩浆活动和变质作用的规律及其相应的地史阶段以后,就可以根据岩浆活动和变质作用的存在与否来对比地层。

7.地球物理特征

岩层的地球物理特征,主要是由它们的岩性特征及岩层内所含液体的性质等因素所决定。由于地层的岩性特征不同和地层内所含流体性质不同,岩层的地球物理特征也不同。例如,不同的岩性或油、气、水层,由于其电性特征不同,它们在电测曲线上的形态特征就不同;地震波在地下传播过程中,不同岩性的地层,地震波的传播速度不同,当遇到弹性不同的岩层分界面时,要产生反射和折射,因此,在覆盖地区的一定范围内,利用地震资料和各种测井资料进行地层划分对比是效果好、应用方便的方法之一。近年来,这一方法在油矿地质中得到了广泛的应用和发展,特别是各种各样的测井曲线的综合应用,结合岩心、岩屑资料,在岩层对比中,起着重要的作用。地震资料的应用,是在明确了各地震标准层与地层界面的关系后,可用地震标准层深度验证和划分对比地层,了解厚度变化,不整合及地层超覆和缺失等情况。特别是在覆盖严重、钻井又少的地区被广泛应用。

利用地震资料对比地层的优点在于,分析大范围不连续沉积的年代地层成层作用比测井曲线要好得多,可以连续横向追踪。缺点是垂向分辨率低。而测井和岩心资料垂向分辨率高,其缺点是不能连续横追踪,即岩心资料横向上不连续,测井资料影响因素很多。因此,作为年代地层对比的手段,上述3种方法应以岩心资料为基础,综合使用。运用地震与测井资料对比地层的方法的关键步骤就是将测井曲线分辨率的薄层与地震剖面横向上可以追踪的地层详细结合起来,可以得到较好的效果。

根据地层划分与对比的主要依据确定本地区的地层、油层分层界限和标准后,在科研和现场工作中,对地层和油层的对比工作,经常、大量地应用和主要依据的手段是间接的测井资料(各种测井曲线)。因此,对我们油田地质工作者来说,应该全面地学会运用测井资料。即对各种测井曲线在地层剖面中的反映特征(表3-2),必须掌握和会运用。

如泥岩遇水易膨胀,尤其是膨润土含水一般为12%~16%,比一般泥岩高1倍。泥岩膨润土因遇水膨胀,其井径远远大于砂质岩类井径。另外膨润土在0.25m与0.45m曲线上的视电阻率值为2.5Ω·m,而与其上下接触的泥岩视电阻率值为5Ω·m;膨润土声波时差值为400~425μs/m,其上下泥岩声波时差值为350μs/m。根据膨润土的电性等特征,可以为地层对比提供依据。

8.岩心资料在地层对比中的应用

地层对比在有露头和覆盖较浅的地区,一般是通过岩石露头或探槽及钻少量浅井寻找地层岩石。而在大面积覆盖的沉积盆地内的地层对比,主要是通过钻井取出地下深处的岩心,将取出的岩心进行观察、描述、分析、对比,找出化石、岩石颜色、岩性、沉积旋回、结构、构造、矿物成分及接触关系等特征,再与盆地周边露头地层层序对比,然后确定出本地区地层层序。

因此,岩心是地层划分与对比的基础和重要依据。

在油、气田勘探与开发过程中,由于钻井取心成本高,钻井周期长,所以不能每口井都取心,也不能布置过多的取心井,仅在油、气田上有代表性部位进行取心。

通过少量的取心井,用岩心确定出地层划分与对比的依据后,再将岩心剖面与测井曲线对照,掌握岩心剖面在测井曲线上的反

表 3-2　各种岩性的地球物理测井特征

测井方法 / 曲线特征 / 岩性	视电阻率曲线 R_a Ω·m	自然电位曲线 (SP) mV	微电阻率曲线 (ML 或 MLL) Ω·m	自然伽马曲线 (GR) μR/h	中子伽马曲线 (NG)	密度测井曲线 (DL) g/cm^3	声速曲线 (SL) (μs/m)	井径曲线 (d, d_B) (钻头直径)
泥岩(粘土)	低值且变化小(1～10,很少到20～30)	基值	ML 低值、无幅度差($R_{ML} \approx R_m$ 或 R_{sh})	高值	低值	低值	高值	$d > d_B$
页岩	较高值(5～30)	基值	ML 低值或较高值	高值(与泥岩相近)	中等值	较低值	较高值	$d \geq d_B$
砂岩(砂层)	0.1 至几千,变化大(取决于 R_W、ϕ 和含油性)	负异常($R_m > R_W$,随 V_{sh} 增大而减小)	ML 较低值,正幅度差	低值或中等值,(随 V_{sh} 增加而增大)	中等或高值(越致密,值越高)	中等值	中等或较低值(越致密,值越低)	$d \leq d_B$
粉砂岩	较砂岩低	负异常($R_m > R_W$,随 V_{sh} 增大而减小)	ML 较低值,较小的正幅度差	较低或中等值,较砂岩值高(随 V_{sh} 增加而增大)	较低或中等值	较低或中等值	中等值	$d \leq d_B$
砾岩	几十～几千,变化大	基值(当砾岩具渗透性时,有异常)	ML 高或中等,无幅度差(具有渗透性时,有幅度差)	中等	高值或中等	高值	低值或中等值	$d \leq d_B$ (具有渗透性时 $d \geq d_B$)

续表

测井方法 / 曲线特征 / 岩性	视电阻率曲线 R_a Ω·m	自然电位曲线 (SP) mV	微电阻率曲线 (ML或MLL) Ω·m	自然伽马曲线 (GR) μR/h	中子伽马曲线 (NG)	密度测井曲线 (DL) g/cm^3	声速曲线 (SL) (μs/m)	井径曲线 (d, d_B) (钻头直径)
泥灰岩	5至几百至几千变化大(随泥质含量而变化)	基值	MLL高值、较高值	较高或中等	中等值	较高值	较低值	$d \approx d_B$
致密石灰岩或白云岩	高值，可达几千	负异常 $(R_m > R_W)$	MLL高值	低值(随 V_{sh} 增加而增大)	高值	高值	低值	$d \approx d_B$
孔隙性的石灰岩和白云岩	高或较高值	负异常 $(R_m > R_W)$	MLL较高或中等值	低值(随 V_{sh} 增加而增大)	中等值	较高值	较低值	$d \leqslant d_B$
水化学沉积岩(岩盐、石膏)	很高，可达1000以上	与围岩同	高值，当井径太大时反映 R_m	低值(钾盐为高值)	石膏为低值，硬石膏、岩盐为高值	硬石膏约2.98 石膏约2.35 岩盐约2.03	中等	石膏 $d \geqslant d_B$ 岩盐 $d \gg d_B$
火成岩	高、很高	正或负异常	MLL高值	中等或高	高值	高值	低值	$d \approx d_B$

映特征，从而间接地再应用测井曲线进行地层划分与对比。但当测井曲线不能完全反映出地层剖面特征时，如对岩石颜色、古生物化石、地层中的特殊含有物等从测井曲线上是反映不出来的。这时就需要我们经常不断地观察岩心，了解岩性与电性关系。从而正确地划分与对比地层。

除了利用古生物、地层接触关系、沉积旋回、沉积特征、地球化学指标、重矿物、岩浆活动和变质作用、地球物理特征等基本资料进行地层划分和对比外，还有其他依据，如岩石的年龄、粘土岩差热分析资料、微量元素、吸附元素、古地磁、岩石的发光现象等，但油田上应用还不够广泛。

三、地层划分与对比的步骤

不论是在区域范围内，还是在局部地区，地面和井下地层的划分和对比的方法基本相同，就是首先要通过各种手段取得关于该区沉积环境和地质构造历史的资料、地球物理特征以及有关的各方面的资料；然后进行详尽地分析综合，在此基础上划分和对比地层。一般的步骤为：建立标准剖面，选择水平对比基线，确定标准层，以标准层为基础进行地层对比，连接对比线，最后编制出相应的地层对比图件或表格。

1.建立标准剖面

在一个新地区的勘探初期，在进行地层对比之前，常选出某一典型剖面来代表这个地区地层的一般特征，这典型剖面称为标准剖面。以标准剖面为指导，从个别地区或个别井入手，对各个剖面进行分析对比，找出它们的共性及其变化，由此概括出一个地区或一个油田的地层情况的总体特征和一般认识，故建立标准剖面是很重要的基础工作。

建立标准剖面首先须按照上述各种依据对地层剖面进行详细地划分，了解其中每个层段的各种地质特征，确定它们的地质时代或它们所在的地层层位，从而综合地建立起该区完整的地层剖面，即标准剖面。标准剖面也可以选择一个地层正常、资料齐全、具有代表性的单井剖面作为该区的标准剖面。对于大的含油气地区，可以分区建立标准剖面。

2.水平对比基线的选择

为了使剖面中各地层(或油气层)都处于沉积时层位相当的情况下进行对比，在实际工作中，常以标准层或辅助标准层的顶(或底)界面，或用某一油气层的顶(或底)界面作为水平对比基线。对比时将各井的地层柱状剖面图或电测曲线图按各井的平面相对位置排列起来，自对比基线起自上而下或自下而上逐层进行对比。根据具体情况，水平对比基线可以选择海平面。

3.确定标准层

标准层是指那些地质特征明显、岩性稳定、厚度不大且变化小，区域上分布广泛而又易于识别的地层。按照其具体特征不同，又可分为岩性标准层、古生物标准层、电性标准层等。作为标准层，可以是一个岩层，也可以是一个界面(如某个不整合面等)。在地层剖面中，选定若干标准层，就能迅速地找出各个地层剖面间的内在联系，对于统一划分地层，提高对比精度，简化对比方法是一个重要的手段。

标准层的类型要根据区域的具体情况进行选择。当古生物资料丰富、标准化石较多时，应以古生物标准层为准，再参考其他标志。古生物标准层能在较大的范围内适用，如古生物资料缺乏时，可采用岩性或电性标准层，由于后两者有局限性，只能在比较小的范围内应用，进行区域对比就比较困难。但是，在进行钻井剖面对比时，岩性标准层和电性标准层却很重要。其中选择好电性标准层又是搞好对比、提高对比精度的关键。除了满足标准层的一般条件外，电性标准层应当具有明显而稳定的电测曲线特征，且易于与邻层区别。因为电性是岩性的反映，所以电性标准层往往与岩性标准层是一致的。在选择标准层时应当掌握各种标准层的特征和横向变化规律。当有不整合存在时，对于不整合面以上的地层，则应当优先选择不整合面为标准层。在具体进行地层划分和对比时，可选择主要的和辅助标准层，有主有次，全面考虑，综合应用。

4. 以标准剖面为基础进行地层对比

在建立了标准剖面的基础上，详细分析研究岩性、岩相、古生物、测井曲线等资料，了解沉积发育特征、古生物演化发展规律、构造变动和地层接触关系等，并结合大区域资料划分本区地层。一般来说，划分的原则是：利用古生物"科"、"属"变化，区域沉积间断和大的沉积旋回划分"系"、"统"，主要考虑时间因素；利用古生物"科"、"属"变化及次一级沉积旋回，综合岩性、电性、岩矿特征划分"组"，主要考虑时间、岩性因素；用再次一级沉积旋回，结合岩性、电性、岩矿特征在纵向上的差异性、古生物部分"种"的变化划分"段"，主要考虑岩性、时间因素。具体层界应当定在岩性、电性特征变化明显处。

在掌握标准剖面各套地层的岩性、岩相、古生物和测井曲线等项特征，并建立了各单井的岩性—电性，以及古生物、岩矿等有效对比资料的综合剖面后，就可以进行全区域的地层划分和对比工作。其步骤是：

(1)进行初步的单井划分和井间对比，根据岩性的相似性，将研究区划分为若干分区。

(2)在各分区内，通过详细的井间对比，统一分区内的地层划分方案，确定标准层，建立分区的标准剖面。

(3)由各分区标准剖面以及联接它们的几条基干对比大剖面，构成全区的对比骨干。从各分区的标准层中进行比较，选出全区的标准层。在全区标准层控制下，用化石分带，结合岩性、电性和沉积旋回特征，并以地震标准层作验证，进行分区间的地层化分和对比。在对比过程中要考虑岩性、岩相和厚度变化的合理性，特别要注意变化大的地带，以了解其变化规律。

(4)以全面基干剖面的地层划分和对比结果为标准，再返回详细对比各分区的其他剖面，修正各分区原划分方案，从而统一全区的地层划分。

在地层对比中，不论是骨干剖面的对比，还是分区的对比，都应采用"闭合对比法"，即从资料最齐全，地层划分和对比特征最明显的剖面开始，由近而远，逐步外推，最后仍对比到原开始的剖面，直至层位完全符合为止。地层对比工作往往要经过多次，随着工作的不断深入，还必须不断修正、完善。

5.连接对比线

在标准层对比的基础上，以标准剖面为准，按照由大到小，由粗到细的原则，先对大段的地层进行对比，然后在此基础上进行小层对比，最后分别将各地区间（或井间）相同层位的地层连接起来，即得地层对比图。地层对比线不仅表示各地区或各井剖面地层的层位关系，同时还表示地层厚度变化及延伸情况。因此，对比线连接得是否正确，直接影响对比成果。由于地层变化很大，对比连线可能与真实情况不符，但可以通过加密钻井或开发动态加以验证。下面介绍几种常见的连线形式，如图3－9所示。

地层对比的结果通常以图件或表格形式表示，常见的有地层（油层）对比图、油气层栅状对比图、钻井地层剖面图、综合柱状剖面图等。下面对综合柱状剖面图稍加以说明：

综合柱状剖面图是对全区各种特殊的地层、地质情况，加以综合分析、对比归纳，概括出全区地层情况在纵向上的总体特征和一般认识图示的结果。综合柱状图可以指导钻井地层剖面设计、地质预报、新井剖面的分层对比等。并在不断对比分析实践中，不断修改和充实原编制的综合柱状剖面图，使其更加正确、更加具有代表性，使我们对一个地区的地层的认识更加深化。

综合柱状剖面图一般都采用地层真厚度绘制，在地层倾角很小的情况下，也可采用地层铅垂厚度绘制。

综合柱状剖面图除岩性资料外，还包括古生物资料，岩石物理性质，油、气、水分析结果，电测曲线以及其他测井和录井资料等。因此，综合柱状剖面图是一个资料完整、具有充分代表性的柱状剖面。但还应当指出，综合柱状图的代表性在一定勘探阶段也是相对的，随着勘探程度的加深，认识不断深化，对过去编制的综合柱状剖面图必须进行修改和补充，必要时要重新编制更加符合实际的综合柱状剖面图。

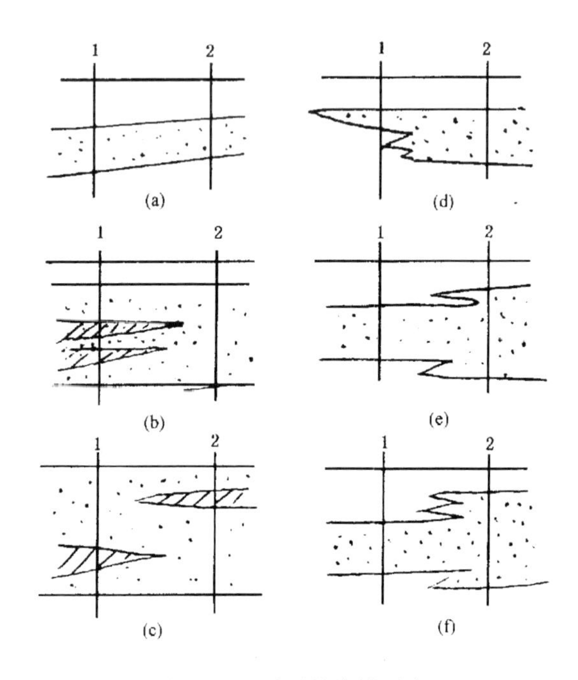

图 3－9　砂层的连线形式

(a)单层与单层连线；(b)单层与多层连线；

(c)交错层位的连线；(d)单层间的单向尖灭连线；

(e)单层间的相互尖灭连线；(f)单层间的双尖灭线

对于构造简单、岩性变化稳定的地区，一般绘制一个综合柱状剖面图即可。而对于构造复杂、岩性变化很大的地区，必须分区编制出反映这些地区特点的综合柱状剖面图。

6. 编制有关图幅及表格

完成区域地层的划分和对比后，应编制全区统一的分层数据表，总结统一的分层特征，并编制全区综合柱状图、地层对比剖面图、栅状图及地层对比表等。其中全区综合柱状图要全面反映全区各段地层的特征、岩性纵向变化、岩层接触关系和划分状况等，它与分区标准柱状图不同，不能以某一个剖面代表，要求其内容更具有综合性和代表性。

第四章 油层对比

油层对比是揭露油层形态特征的基本手段。

过去国内外的油层研究工作，都是在大层段对比的基础上进行的。这样的油层对比工作，虽然也能把一大套油层分成几十米厚或者十几米厚的若干层段，但由于在这样的层段内，通常都包含了几层甚至十几层油层，其结果自然只能反映这一层段内所包含的各层油层的叠加情况，得出的是笼而统之的平均概念，不能反映油层的本来面目。

大庆油田的油层对比工作，从油田勘探开始，就注意了单油层对比研究，经过几年的反复实践，终于获得成功。通过单层对比，能把一大套油层中每层油层都对比起来，突破了大层段对比的笼而统之的平均概念，反映了油层的本来面目。

单层对比的成功，使油田地质研究工作得到发展，发现了油砂体和连通体。在油田开发工作中运用了这些研究成果以后，也促进了井网部署、开发层系划分、采油工艺、生产管理等一系列工作的发展，突破了大段合采的框框，为创立分层开采的道路迈开了第一步。

一、单层对比（小层对比）

地层对比是地质研究的基础。在石油地质勘探、开发的各个阶段中，地层对比有不同的任务。油层对比的任务是对储油岩层进行分组、分段、分单层的逐级划分与对比，搞清单个含油砂岩体的层位关系，是查明油层分布状况的基本手段。

对油层的认识程度取决于油层对比的精度。过去在我国其他油田一般只搞分组、分段的对比，没有进行分单层对比，只能大段研究油层，了解一些平均参数的变化，对油层内部非均质性认识不清，地下情况掌握得笼统。这样由于事先没有掌握油层的客观规律，当油田注水开发后，就不能主动地对付注入水的舌进和油水层交错等矛盾;开采工艺、井下措施跟不上,造成很被动的局面。有鉴于此,大庆油田的勘探、开发过程中,通过大量的实践,进一步明确了要开发好油田,首先要认识油田,油田地质研究的首要任务是深入细致认识油层,而单层对比是深入细致认识油层的基础。只有通过分单层对比,做到分单层研究油层的岩性、物性、含油性以及分布状况,进一步认识油层的非均质性,才能在油田开发中具体情况具体对待,掌握主动权。因此,在油田一开始详探,就进行了分单层对比。在大量实践中,掌握了标准层,特别是认识和充分利用了油层剖面的多旋回性和沉积韵律特征,运用"旋回对比、分级控制"的单层对比方法,经过反复对比,查明了甲、乙、丙油层的数十个含油砂岩层的层位关系,将油层解剖到"油砂体"❶,认识了它的内部组成特性及其相互关系。这样就促进了油田地质研究工作的发展,把油田地质研究方法从大层段、大平均的方法中解放出来,深入研究每一个单油层和每一个油砂体。形成了一整套以油砂体为基础的油层研究方法,查明了油田地质储量。这些研究成果广泛用于油田开发研究上,引起了油田开发设计、开采动态分析和油田生产管理技术等工作的一系列变化。如形成了按油砂体布井研究合理井网、按井组分单层的油田开采动态分析等新的方法。不仅如此,还正在研究分单层开采、分单层管理的新方法。

二、单层对比的基础工作

单层对比要求将每层含油砂岩一一对比起来。在现有技术条件下,在各井的油层对比中普遍应用的资料是电测资料。因此仔细观察岩心,研究各类岩层的电测曲线特征,搞清岩性与电性的关系,是正确运用电测资料进行分单层对比的基础。

1.资料的选择

一般在地层划分和对比中广泛应用的几种资料是:

(1)通过地面露头观察和钻井取心方法研究油层、地层的岩性

---

❶ 油砂体:含油砂岩体,是最小的含油单元。

资料，包括岩石的宏观特征和显微特征，如颜色、结构构造、矿物成分、胶结物成分及胶结类型、岩石表面形态。

(2)沉积岩层的接触关系。

(3)古生物资料。

(4)岩石化学资料，包括岩石的含碳率、荧光沥青含量、微量元素、稀有元素等。

(5)矿场地球物理测井资料，包括电测、放射性测井等。

在油田的勘探、开发过程中，一般探井、生产井不取岩心，没有普遍运用岩心及岩心分析资料进行对比的条件。从岩心分析取得的岩矿、古生物、微量元素往往要受到其本身在地层剖面中分布情况的限制，有些只能鉴别分组、分段，或因分析鉴定精度受到现有技术条件的限制，不能反映每个单层的层位特征。因而要做到逐井分单层对比，只有大量地运用各种矿场地球物理测井资料，其中常用的是电测资料。电测井资料是通过自动连续记录取得的，它连续地反映了剖面上岩性组合和各单层的特征。

2.研究岩性与电性关系

选用电测资料进行油层对比，首先应搞清楚岩性与电性的关系，搞清各类岩层在电测曲线上的特征，作出各类岩层的定性解释。

研究岩性、电性关系的方法是：钻取心井，收获率要求达到90%以上，进行全套电测，系统地取得电测井资料，仔细观察该井岩心，将同一口井的电测曲线与岩心进行比较，研究各种岩性、各级沉积旋回在电测曲线上的显示，找出各种岩性、各级沉积旋回在电测曲线上的代表形态，编制成典型曲线图版(图4-1)，就能在一定程度上从电测曲线特征去认识含油岩层的岩性及其自然组合规律，以正确地运用电测曲线进行油层对比。

选取反映油层层位特征最明显的电测曲线作为单层对比之用。选择标准如下：

(1)能反映油层地岩性、物性、含油性特征；

(2)能明显地反映油层剖面岩性组合的旋回特征；

(3)能明显地反映在岩性上是标准层的稳定沉积层的特征；

(4)能清楚地反映各类岩层的分界面，对岩层反映得越细越好；

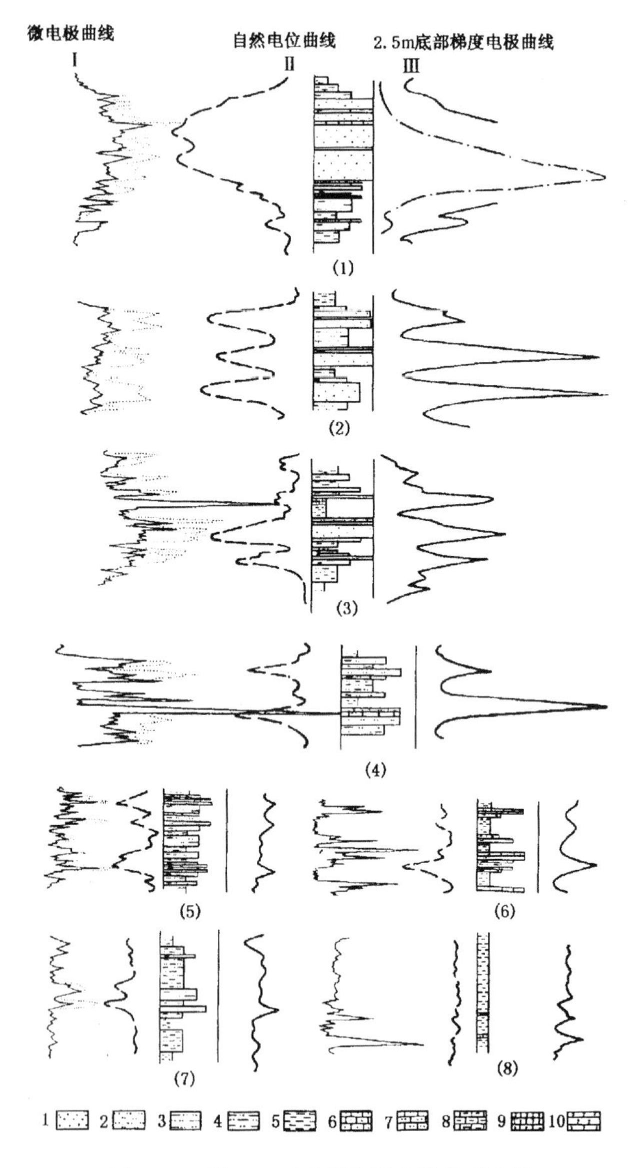

图 4-1　甲、乙、丙油层各类岩性典型曲线

1—砂岩；2—粉砂岩；3—泥质粉砂岩；4—粉砂质泥岩；
5—泥岩；6—钙质砂岩；7—钙质粉砂岩；
8—泥灰岩；9—介形虫生物灰岩；10—介形虫层

(5)技术条件成熟,能够大量获取,广泛运用,精度高。

大庆油田在油层对比过程中细致地研究了岩性、电性关系,综合利用了几条电测曲线的优点。选取了 2.5m 底部梯度电极电阻率曲线(或 0.45m 梯度电极电阻率曲线)、自然电位曲线和微电极曲线作为分单层对比的基础资料。各条曲线在对比中的优缺点见表 4－1。

表 4－1 电测曲线反映岩性及其组合特征的比较

电测曲线	优　　点	缺　　点
2.5m 底部梯度电极曲线	(1)能反映各级旋回的组合特征及各单层分界面 (2)能明显地反映出标准层的特征	(1)小于 1m 的层与过渡岩性岩层反映不明显 (2)高阻层附近岩层易受屏蔽影响
0.45m 底部梯度电极曲线	特点与 2.5m 相近,适合用于高电阻薄互层油层	反映沉积旋回组合不够清楚
自然电位曲线	(1)能反映各级旋回的组合特征 (2)能反映各类岩性的孔隙、渗透性	(1)不能区分渗透性相似岩性不同的岩层,如泥岩与钙质砂岩、石灰岩 (2)岩层界面反映不明显 (3)幅度值受厚度、钻井液性能影响大
微电极曲线	(1)能清楚的反映各个薄层的界面 (2)能够反映砂岩、泥岩及泥质粉砂岩、粉砂岩、含钙质岩层的岩性特征 (3)能反映各类岩性的孔隙、渗透性	不能清楚的反映各级旋回组合特征

从表 4－1 看出,电阻率曲线与自然电位曲线能明显反映岩石组合特征;微电极曲线能够细致地反映岩层的薄层变化,显示出各个薄层的界面;而自然电位曲线与微电极曲线又能反映各类岩石的渗透性。综合利用这几条曲线的优点,基本上能够满足单层对比的要求。

根据选取的各项资料，编制每口井的资料图，力求实用、明了，作为单层对比的基础资料图(图 4－2)。

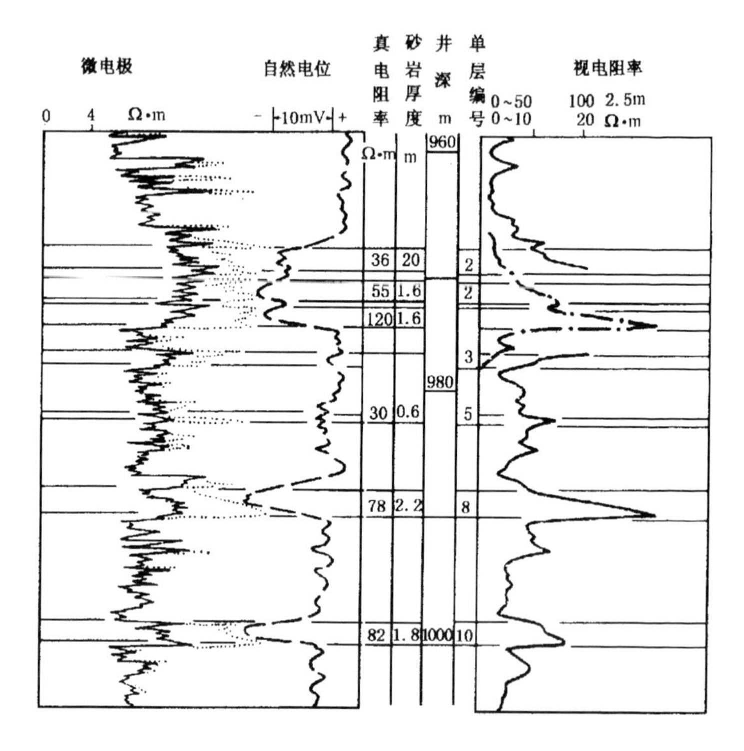

图 4－2　××油层单层对比单井资料图

三、旋回性是单层对比方法的依据

沉积岩层剖面上各类岩石依次交替，形成有规律的组合，这些组合又依次作周期性的重复出现。如图 4－3：由下至上由砂岩—粉砂岩—泥岩为一组，继之又出现一组砂岩—粉砂岩—泥岩，以此类推，周而复始，十分清楚。但各具有不同的特点，并非简单重复。

这种沉积上的周期性，称之为沉积旋回。它的形成与地壳运动有密切的关系，振荡性上升和下降是地壳运动的基本形式；表现

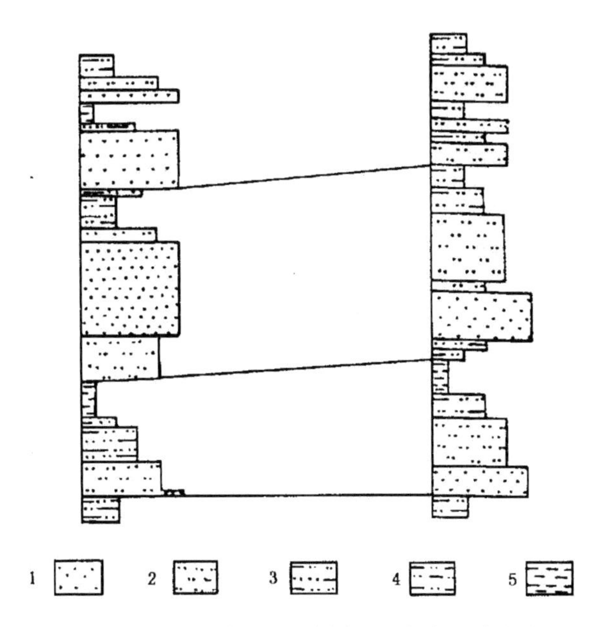

图 4－3　第二油层组上部砂泥岩组合的旋回性

1—砂岩;2—粉砂岩;3—泥质粉砂岩;4—粉砂质泥岩;5—泥岩

为地壳的上拱和下坳,并引起大型构造隆起和坳陷的形成。这种运动的方向不断地发生改变,具有周期性。在长期缓慢的上升和下降中,具有次一级振荡周期;在全区总的上升或下降的过程中,还有局部地区次一级的上升或下降。地壳运动这种多级次的振荡,具有不同振幅,使得剖面上各种沉积岩层具有多级组合的旋回特点。在大旋回的背景上发育着次一级的小旋回,不同等级的旋回表现为分布范围不同的水进、水退岩层的互层,引起相的交替。如岩性、岩矿,古生物在纵向上的变化,以及标准层的存在和位置都是地壳升降运动形成的沉积旋回在某一方面的表现。由于地壳运动是区域性的,各级振荡运动影响范围不同,使各级旋回分布范围和同级旋回在不同地区由于受次一级旋回影响而复杂化的程度不同,加上沉积条件的变化,同级旋回在不同地区明显程度不同,表现出复杂性。但是一般说来地壳振荡运动影响范围较大,在同一活动带内,沉积物的旋回性质相似,具有相对稳定性;其内部组成,在沉积旋回中,都有其固定的旋回位置,在横向上可以追索。

根据沉积岩剖面普遍存在多级组合的旋回性,在大旋回控制下,各级旋回又各有其本身的特殊性;同一地壳活动范围内同一旋回有其相对稳定性。在大庆油田油层对比中提出了"旋回对比,分级控制"的单层对比方法。因此分析油层剖面的旋回性就成为分级控制对准单层的首要问题。在单层对比过程中认识沉积旋回的一般方法是:分析油层剖面各种岩石演变序列及组合关系;确定各级旋回性质,并反映到电测曲线上;在单井剖面上划分旋回进行旋回对比,在对比的基础上确定旋回界线。具体作法如下。

1.研究各级旋回的标准剖面

选取一批取心井,运用多种资料如岩性、古生物、岩石矿物成分、岩石化学成分、岩石的结构构造、岩层厚度等进行综合分析;掌握它们在剖面上演变规律的旋回性,特别是要搞清楚各种岩石的演变序列、组合关系及其在电测曲线上的显示特征;将这些综合起来,编制成旋回曲线,分析旋回曲线所表明的水退、水侵的转折点,确定各级旋回划分的标准,认识各级旋回的特征;然后再划分各单井的旋回,连成剖面;大量地运用电测资料,进行旋回对比。在对比的基础上,确定各级旋回的界线。

图 4-4 是运用岩性、电性、古生物、岩石化学资料综合分析后编制成的旋回曲线。表示甲、乙、丙油层沉积剖面是一反旋回:由下至上岩性由细变粗,砂岩层增多;单层厚度增大;古生物中介形虫、叶肢介等浮游生物由多到少;泥岩颜色由灰黑,灰色到绿色至上部出现紫红色;地球化学指标显示由还原至弱还原至氧化。这些反映了湖水由深至较深至较浅的变化过程。

在大的反旋回的背景上,还有几个波动,可以划分为由下而上的Ⅰ、Ⅱ、Ⅲ共 3 个次一级的反旋回。

图 4-5 所示,在这几个剖面里,砂、泥岩都有明显的组合规律,形成很多小旋回。它们的厚度大致相等,每隔 10~15m 重复出现一次。一般有 1~2m 厚的稳定泥岩相隔。每个小旋回又有 2~4 个由粒级粗细变化组成的小韵律。

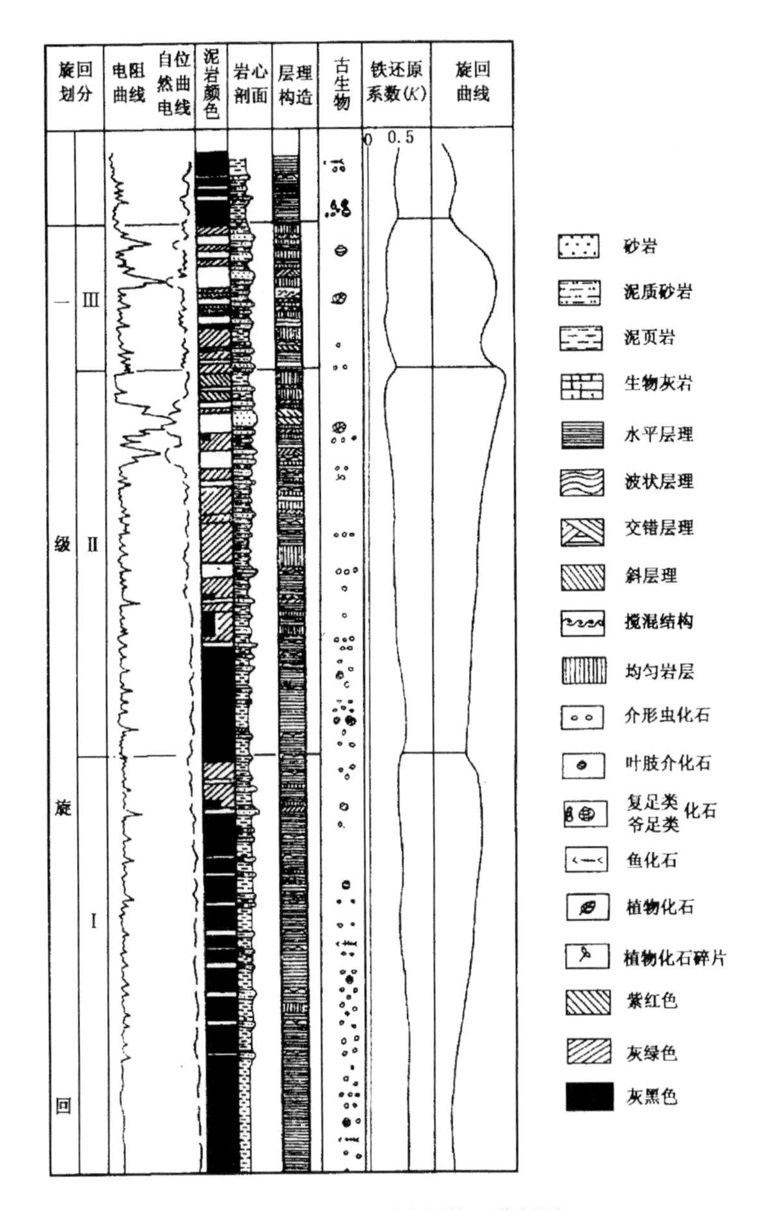

图 4-4 甲、乙、丙油层旋回分析图

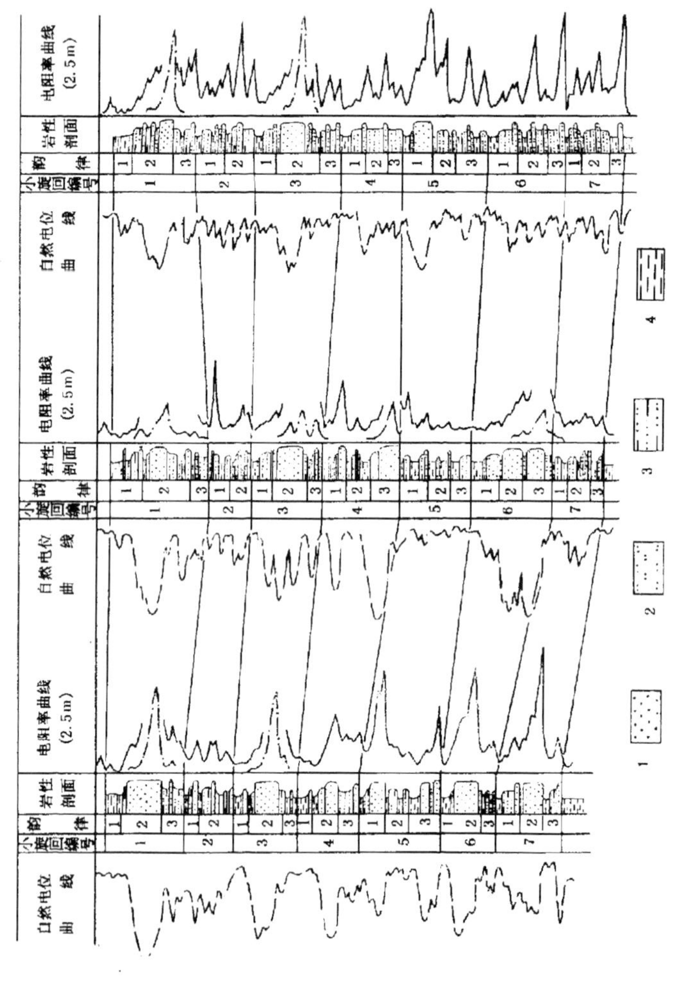

图 4－5　第二、三油层组三级旋回分析图

1—砂岩;2—粉砂岩;3—泥质粉砂岩;4—泥岩

2. 油层沉积旋回的分级

沉积旋回的分级，是在油层对比中运用分级控制方法的前提下，进行旋回分级时，可以考虑以整个储油岩组合为起点。如在大庆油田油层的单层对比中，将包括整个甲、乙、丙油层的沉积旋回称为一级旋回，其内部各低级次旋回，依次称为二级旋回，三级旋回。

一级旋回：受区域性构造运动所控制，在沉积上大体包括一整套储油岩组合沉积的地质历史时期，在全盆地范围内稳定分布，可以对比，界线划于水侵、水退的转折点。

二级旋回：受二级构造运动所控制，在一级旋回内划分出来的次一级旋回，一般在二级构造范围内可以进行对比，在沉积上包括了由于水侵、水退引起的不同岩相段的组合。

三级旋回：受局部构造运动的控制，在局部构造（亦称三级构造）范围内稳定分布，可进行对比；是地壳振荡运动控制下形成的最小沉积旋回。

例如：大庆油田，甲、乙、丙油层属于第二反旋回的中、上部和第三反旋回底部，共中包括 3 个二级旋回（即第九组—第八组、第七组—第四组、第三组—第二组）和第三反旋回底部的过渡沉积（第一组）。在各个二级反旋回内，又包括有若干三级旋回，相当于复油层，各个复油层内一般包括 2～4 个单层。

3. 研究各级旋回厚度的变化规律

在地壳坳陷与沉积物质的补偿基本接近平衡的情况下，一般可以用沉积厚度来大致了解坳陷的幅度，了解地壳升降运动对沉积物的影响，以掌握各级旋回的性质和稳定分布控制的范围，确定“旋回对比”的具体应用原则及各级控制的范围。其作法是：在旋回对比的基础上，用电测资料划定旋回界线，作旋回厚度等值图（图 4－6）；研究各级旋回厚度在纵向上、横向上的变化，特别是要查明各级旋回厚度在平面上的相对稳定分布的范围。对大庆油田沉积剖面各级旋回厚度研究表明，各级旋回厚度按一定方向作规律性变化，尤其是各三级旋回厚度差异不大，厚度比例一般在 1:1

~1:1.5,反映了地壳升降运动同级振荡周期大体相等,在沉积条件相似的情况下,沉积岩层相对稳定性较大。

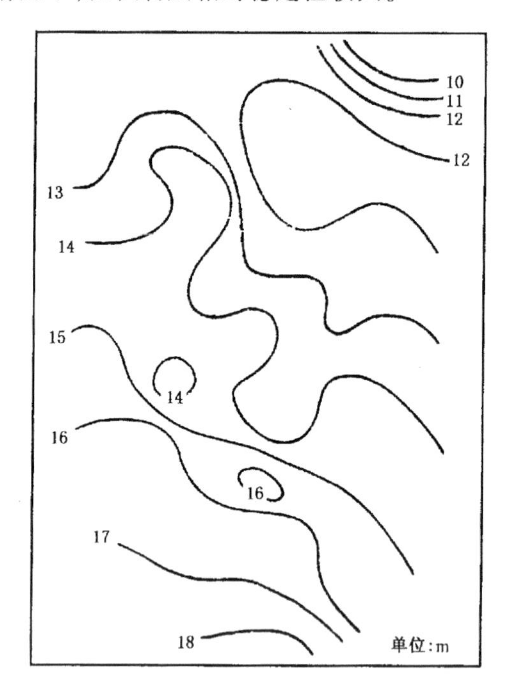

图 4-6　三级旋回等厚度图

四、层组划分

根据油层剖面的旋回性及岩性组合规律,合理地进行层组划分,是大量对比的结果;但在对比过程中又是认识和选定各级对比单元,为分单层对比建立各级控制的重要问题。单元划分得适当,对比界线就符合自然界线。尤其是在对比中的最小对比单元,如单层的划分,从"层"的概念来说,地层是不能无限制细分的。合理地划分各级对比单元,另一方面是为了认识油层特性的一致程度。对油层进行逐级划分或组合,是为确定开发层系、井网,掌握油田开采动态以及生产管理提供依据。

要做到合理划分也要经过反复对比,就合理划分与逐层对比二者的关系而言,则是一个反复的过程,是相互联系、相互补充的。只有认识了剖面的旋回性,又经过大量的对比,才能得出关于层组划分的一般结论;有了合理划分的结论,才能指导进一步的对比实践;只有将对比与划分很好的统一起来,才能作到分级控制,对准单层。

对大庆油田甲、乙、丙油层进行旋回、沉积相、砂岩组合的分析,在划分各级对比单元时考虑注水开发要求,能反映油层特性的一致性,以及各单元之间的连通隔绝程度。在大量对比的基础上,进一步从大到小分为三级,各级划分的含义如下:

(1)油层组:油层分布状况和油层性质的基本特征相同,是一套沉积岩相相似的油层组合。在大庆油田的注水开发中,油层组是组合开发层系的基本单元,因此具体划分时考虑了隔层,如在两个岩相段的分界附近,存在较好的隔层。在同一油层组内也允许划入另一岩相的油层,将油层组的界线由岩相分界面移至以隔层为界线处。

(2)复油层:在油层组内,含油砂岩集中发育,有一定的连通性,上、下为比较稳定的泥岩分隔的、相互靠近的、单层的组合。

复油层完整地包括了所在沉积相内的基本岩石类型,是一个受局部构造运动控制的、完整的沉积单元。相当于一个三级旋回,在同一局部构造上复油层的划分应当相同。

(3)单油层[1]:单个含油砂岩层,上、下以泥岩分隔,相当于沉积韵律较粗的部分,划分时应考虑:单层间的连通面积小于相邻两单层叠合面积的50%;在大油田上分期、分块进行注水开发时,可以开发区为单元分别考虑。

上述各级划分由大到小,总的原则应当考虑油层特性的一致性逐级增高,连通性逐级变好,隔绝程度一级比一级变差,具体的标准应视各油田具体条件而定。

结合油田开发对油层对比的要求,在认识各级对比单元,确定合理划分界限时,要进行油层的旋回性、沉积相、砂岩组合规律的研究。关于旋回分析前节已述,在此着重谈谈后者。

---

[1] 单油层(简称单层)。

1.油层组的划分

从岩心资料入手,研究含油岩层组合的岩性、泥岩颜色、层理构造、砾岩层、冲刷面、古生物、自生矿物等岩相指标的演变规律和组合关系。储油岩系组合中,将块状—厚层砂岩发育(或粗碎屑供应不充足时紫红色泥岩发育),以斜层理、块状结构为主的,常见的砾岩层和冲刷面的层段划为氧化环境的浅水相;将砂岩不发育,呈零星分布,灰色、黑色泥岩多,以水平波状层理为主的,浮游生物发育的层段划分为弱还原、还原环境的半深水相。在此基础上将含油砂岩分布和发育程度不同的层段,划分为不同的岩相段,研究它们在平面上稳定分布的范围及相互间演变关系。

研究油层沉积条件,详细划分岩相段和岩相区,是从成因上认识油层分布状况和油层性质的手段。仔细分析沉积旋回上下岩性、岩相特征的差异及递变规律,把分布状况和储油性质相似的油层组合在一起,据此划分出的油层组,既是特性相似的含油岩层的组合,又满足了有一定厚度的泥岩作隔层的要求,成为注水开发,划分和组合开发层系的基本单元。因此按不同岩相段划分油层组,具有一定的普遍意义。在一般情况下,岩相段的划分,能满足油层特性相近的要求,在考虑注水开发组合开发层系的隔层条件时,对划分界线可作调整。如大庆油田甲、乙、丙油层基本上按二级旋回内部不同的岩相段,个别作了调整,划分的 9 个油层组;作到了把大段岩性、物性特征基本相似的含油层组合在一起,各油层之间都有一定厚度的隔层,满足了注水开发要求(表 4-2)。

表 4-2 甲、乙、丙油层各油层组岩性、物性、隔层比较

油层组	岩性特征	空气渗透率平均值,$10^{-3}\mu m^2$	组间稳定夹层厚度,m
第一组	薄层粉砂、砂岩与泥岩组合	515	10~12
第二组	厚层砂岩与泥岩组合,下部不稳定	1160	3~5
第三组	薄—厚层砂岩、粉砂岩与泥岩组合	820	13~15
第四组	厚层块状砂岩与粉砂质泥岩组合	1463	3~4

续表

油层组	岩性特征	空气渗透率平均值,$10^{-3}\mu m^2$	组间稳定夹层厚度,m
第五组	薄层粉砂岩、砂岩与泥岩组合	636	3~5
第六组	薄层粉砂岩与泥岩组合	335	3~5
第七组	薄层泥质粉砂岩、钙质粉砂岩与泥岩组合	216	15~18
第八组	薄层粉砂岩与泥岩组合	300	5~7
第九组	薄层泥质粉砂岩、钙质粉砂岩与泥岩组合		

2.复油层的划分

根据三级旋回,合理划分复油层是分级控制、对比单层的关键环节,研究剖面上三级旋回的分布规律和纵、横向上的旋回厚度与岩性的变化是合理划分复油层的前提。

(1)划分组合单元,进行组合分类:研究砂岩的分布、发育程度、成层厚度及其相互之间的自然组合关系,认识各类岩石在剖面上的组合性,按其重复出现的规律性,划分组合单元,并进行组合类型的分类。

图4-7为甲、乙、丙油层,各三级旋回砂岩发育程度、成层厚度及其组合关系,归纳起来,基本上分为两种组合类型。一种为以厚层砂岩为主体,粒级连续渐变的块状组合(图4-7a、b)。另一种为砂岩,泥岩间互成层,层间界面较清晰的层状组合(图4-7c、d)。

(2)研究组合间稳定泥岩厚度的变化及分布:在复油层划分对比的基础上,作泥岩对比图或泥岩夹层平面图,统计层间稳定泥岩的厚度变化及分布范围,进一步验证三级旋回划分的合理性。

甲、乙油层各复油层之间一般均有1~2m厚的稳定泥岩(表4-3)。

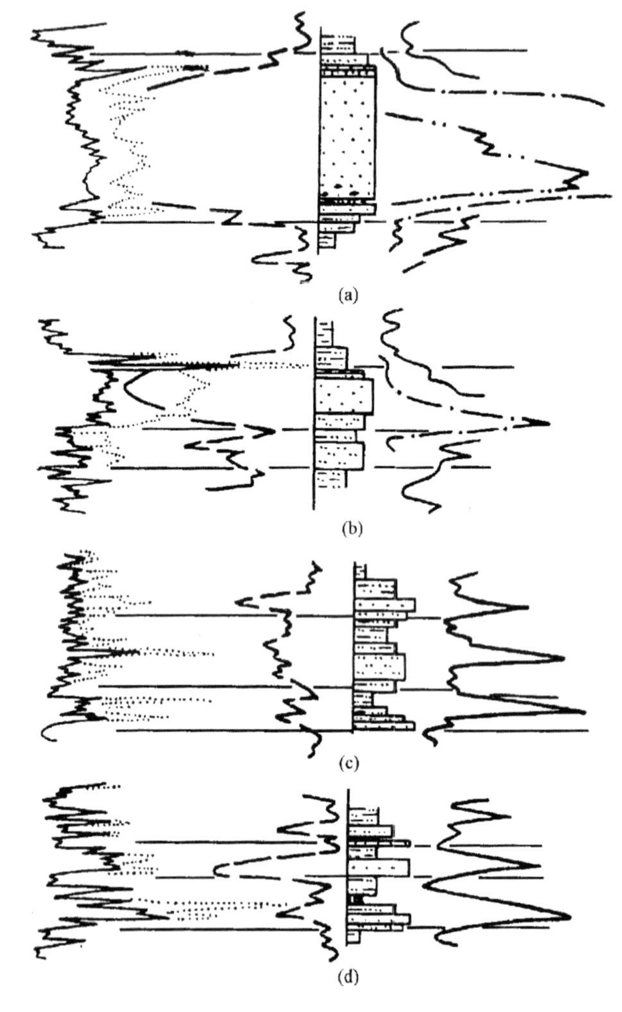

图 4－7　三级旋回组合类型

a,b—块状组合;c,d—层状组合

表 4-3　甲、乙油层各复油层间稳定泥岩厚度变化范围

复油层	2	3	4	5	6	7	8	9	10	11	12	13	14
稳定泥岩厚度,m	0.6～1.6	1.0～2.0	1.5～2.8	1.0～2.3	2.0～3.0	1.0～2.0		0.5～1.4	1.0～2.0	0.5～2.0	0.8～1.3	0.5～1.3	

(3)研究各三级旋回厚度变化、岩性组合演变规律:研究三级旋回厚度和岩性变化规律,是为了在本油田油层组合的具体情况下,确定运用“旋回对比、分级控制”的方法,对比复油层的具体原则。

通过应用大量电测井资料,编制油层剖面上自下而上的各复油层等厚图和岩性组合类型分区图,看出甲、乙油层中相当于三级旋回的砂、泥岩组合,在纵向上分布规律性很强,具有不同岩性组合特征的三级旋回相间出现,并且处于同一岩相段内各三级旋回厚度大体相等(表 4-5)。

从各旋回厚度的平面变化和不同类型的三级旋回在平面上相的演变特征,看出在局部构造范围内厚度由北而南做均匀有规律的变化(表 4-4),且不同类型三级旋回的岩性特征基本上都能分别反映其所在沉积相的岩性特征,说明三级旋回是受局部构造运动控制的沉积单元。利用上述特殊性,在复油层的对比中,即使在旋回性不明显的情况下,按照厚度均匀变化,逐井向外追索,也能对准复油层。

表 4-4　局部构造上,三级旋回厚度的南北向变化

旋回名称	自北向南旋回厚度的变化,m							
2	11.1	12.8	13.4	14.5	14.8	16.6	18.6	19.3
4	11.8	-	12.2	14.4	14.2	14.0	17.8	18.6
5	8.0	-	9.4	11.1	11.8	12.6	-	14.0
6	8.0	-	10.2	10.8	12.5	13.2	-	14.6
8	8.6	-	9.5	11.0	-	11.0	11.2	13.0
10	9.4	-	11.6	12.7	-	14.6	16.8	18.2
11	8.0	9.2	-	10.6	-	10.6	-	12.0
12	6.2	7.2	7.2	8.6	-	9.4	10.6	12.6
13	8.3	7.0	8.4	10.6	-	10.3	12.0	13.6

表 4－5　各三级旋回纵向上旋回厚度的变化

旋回名称 \ 厚度,m \ 井号	各井点旋回厚度,m														平均厚度 m	岩性组合	沉积相
	105	107	108	114	116	117	118	128	138	145	147	155	156	165			
2	14.2	11.8	14.8	15.6	16.3	12.7	14.1	15.9	13.2	17.2	13.9	16.8	13.0	16.8	13.7	厚层砂岩—绿色泥岩序列	浅供 水给 相充 （足 碎） 屑
4	11.6	9.8	11.4	11.5	11.6	10.8	13.2	11.2	13.7	14.2	13.4	12.4	14.0	17.0	12.5	厚层砂岩—绿色泥岩序列	
5	9.2	7.8	7.4	12.0	9.0	10.8	8.7	7.6	6.4	12.2	10.2	10.4	10.6	11.6	9.6	不稳定厚层砂岩—绿色泥岩序列	浅供 水给 相不 （充 碎足 屑）
6	14.6	14.2	11.6	9.2	12.2	13.0	12.5	13.6	14.9	14.2	12.6	16.2	13.2	14.7	13.3	不稳定厚层砂岩—绿色泥岩序列	
7	12.4	8.8	12.6	16.2	9.8	10.0	9.8	12.2	12.9	11.8	13.0	15.0	12.8	14.7	12.3	薄—中厚层粉砂岩与绿色泥岩互层	半深水相
8	8.2	10.6	11.4	8.3	10.4	9.0	8.4	8.9	7.6	11.4	10.1	9.6	9.8	11.2	9.7	薄—中厚层粉砂岩与绿色泥岩互层	

续表

井号 / 厚度,m / 旋回名称	各井点旋回厚度,m														平均厚度 m	岩性组合	沉积相
	105	107	108	114	116	117	118	128	138	145	147	155	156	165			
11	8.0	8.6	11.6	9.0	10.4	10.8	9.8	8.1	8.7	10.4	8.3	9.0	8.2	9.2	9.3	薄层粉砂岩与绿色、黑灰色泥岩互层	半深水相
12	6.0	8.6	7.4	9.2	9.8	6.8	5.8	7.3	8.6	9.6	8.8	12.0	10.6	14.2	8.9	薄层粉砂岩与绿色、黑灰色泥岩互层	
13	9.8	6.8	6.6	8.8	8.2	9.2	8.8	8.5	8.4	10.0	7.0	8.8	8.2	9.8	8.5	薄层不稳定厚层粉砂岩与绿色、黑灰色泥岩互层	
14	9.8	8.2	7.2	9.5	8.4	8.2	6.6	7.4	6.8	7.1	8.6	8.0	8.5	8.6	8.1	薄层粉砂岩与灰黑色、灰绿色泥岩互层	

3. 单层的层位特征

在三级旋回内部，各类岩石仍然按一定原则作规律性的重复，组合性很强，每个岩性单元之间有一定的层位关系和本身的特性，认清他们这种相互关系和特性，就能掌握单层层位特征。

从“层”的概念出发，把自下而上由粗变细，或由细变粗，内部没有界面的粒级连续渐变序列称之为沉积韵律。沉积韵律的形成主要受外营力的控制，在不同的岩相带内，水流的搬运强弱、活动状况不同，韵律的个数、厚度比例、岩性特征亦随之发生变化，但也有其相对稳定分布的范围。三级旋回是由数个韵律组成的，详细的研究三级旋回内部各韵律结构、厚度、岩性组成、接触性质以及各韵律在剖面上分布规律，是划分单层的依据。在大庆油田油层对比中统称之为研究复油层内部组成规律，做了以下的工作：

(1)研究三级旋回内部韵律单元及岩性组成类型。

以复油层为单位分析内部岩性演变序列，以较粗部分为着眼点，把粒级连续渐变的序列，以界面较清楚的地方为界限，初步划分最小对比单元(即韵律的划分)；经过对比，将研究范围内，在大部分面积上可以对比的界线定为层位界线(即韵律界线)，以此种界线所限制的小层段作为一个单层的层位(图 4－8)。

油田上由于单层岩性、厚度变化较大，分析复油层内岩性组成规律划分单层时，必须运用电测资料通过大量油井的统计分析。大庆油田甲、乙、丙油层，在认识岩性与电性关系的基础上，统计各钻井剖面上每一个复油层内的砂岩层数，厚度比例关系，夹层厚度及连通情况；根据大多数井的情况确定了各复油层内可以分为 2～4 个对比单元，相应较粗部分划分 2～4 个单层。韵律的岩性序列类型一般有 4 种：砂岩—泥岩；砂岩—泥质粉砂岩；粉砂岩—泥岩；泥质粉砂岩—泥岩。

(2)研究单层的层位厚度及其比例关系。

研究单层层位厚度[1]

---

[1] 单层层位厚度，即韵律厚度。

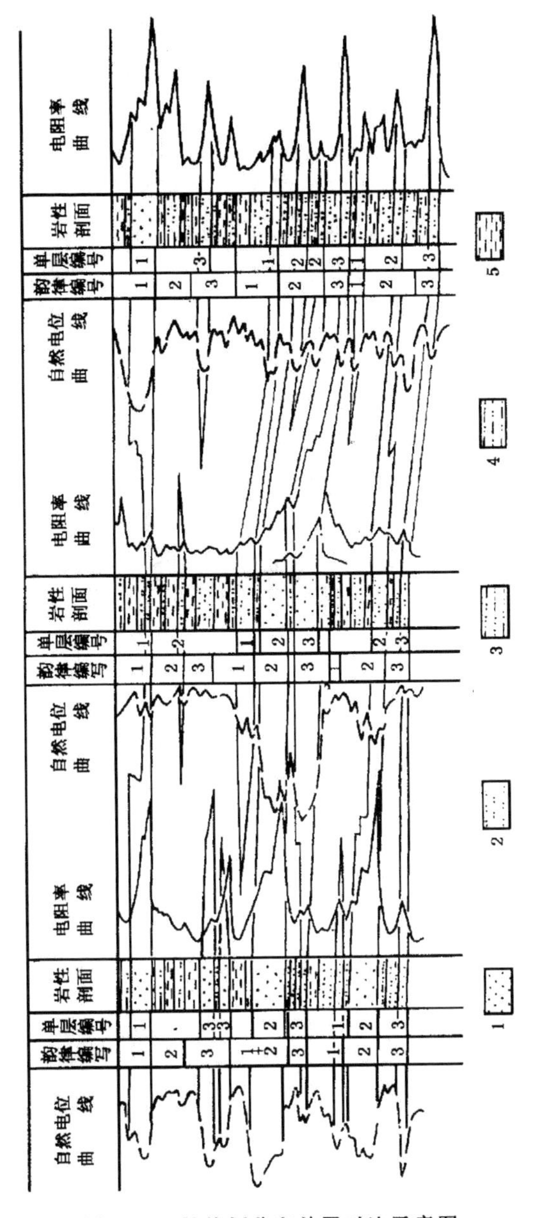

图 4－8　韵律划分和单层对比示意图

1—砂岩；2—粉砂岩；3—泥质粉砂岩；4—粉砂质泥岩；5—泥岩

及其比例关系，是为了掌握复油层内岩性组合规律，具体确定单层对比原则。单层沉积时，受沉积条件的影响较大，在地区上受不同的岩相带的控制，其岩性厚度变化较大；由于沉积条件在不同时间、空间上的差异，处于不同层段、不同地区的单层的厚度与岩性不一样。虽然如此，如果把单层对比限制在一定的沉积岩相区内进行，由于同一岩相区内，沉积条件相对稳定，全区水流活动状况大体相同，使得各沉积韵律在该区广泛分布，同一沉积韵律具有岩性相似、厚度比例大体相等的特点。因此分区研究单层层位厚度变化，仍然较均匀，且同一复油层内各单层层位厚度之间的比例关系是相似的(表4-6)。根据这种关系，当岩相变化引起单层特征异常时，可以依其在复油层内的层位位置，用厚度比例关系划出对比井分层点，按厚度均匀变化，逐井外推进行单层对比，在密井网的有利条件下，仍然可以使之达到较高的精度。

表4-6 复油层内各单层层位厚度的比例关系

复油层名称	复油层内单层数	各区厚度比例	
		四　区	五　区
1	4	2:1:1:2	2:1:1:2
2	3	2:4:1.5	1.5:4:1
3	2	1.5:2	1:1
4	3	1:2:1	1:3:1
5	3	3:1:1	1:1:1
6	3	1:1:1.5	1:1:2
7	3	1:2:2	1:2:2
8	3	1:2:1	1:2:1
9	4	1:2:1:1	1:2.5:1:1
10	3	1:2:2	1:2:2
11	3	1:1:1	1:1:1
12	3	1:1:1	1:1:1
13	3	1:1:1	1:1:1

五、选择标准层

在分单层对比中，选择标准层控制分组、分段界线，是提高旋回对比精确度的重要步骤，标准层愈多，划分、对比就愈可靠。

1. 选择标准层的条件

一般分布稳定，在岩性、岩矿、古生物等方面具有明显的特征，易于区别上、下层。在横向上变化不大的层、组都可以作标准层。但在单层对比中，只有当这些标志能明显地反映到电测曲线形态上，才有实际运用意义。因此在单层对比中的标准层应选取在岩性、电性特征上均很明显，分布广泛，易区别于上、下邻层的稳定沉积岩层。一般为化石层，油页岩、石灰岩、泥灰岩、黑色泥、页岩，以及这些稳定沉积岩层的组合。

此外，一些稳定的砂、泥岩组合，反映在电测曲线上组合特征明显，分布稳定，也可以选作标准层。

2. 怎样选择标准层

在对比过程中，要特别注意研究在岩性、电性上具有特殊标志的岩层和岩层组合。

(1)研究稳定沉积层在剖面上出现顺序(图 4－9)，在平面上的分布范围，从电性显示落实到岩性特征上，查明其成因类型，经过反复对比验证，根据其特征的明显性和分布的稳定性，选定作为标准层。

(2)研究标准层岩性变化：标准层在一定的沉积岩相区内存在，用钻井取心资料与电测资料作标准层岩性图(图 4－10)掌握平面变化规律，圈定其稳定沉积的岩相带，了解标准层电性、岩性特征在各区变化的相互关系，充分利用它；在掌握了解标准层岩相及电测曲线特征变化规律之后，就可进行标准层的预测，为新区标准层的寻找指明方向。

图 4－10 为第Ⅳ号标准层的岩性图。在图中 1 区、2 区为标准层分布区，岩性稳定，在电测曲线上特征明显，其中 1 区比 2 区稳定，3 区则变为砂岩、粉砂岩、粉砂质泥岩，岩性不稳定，在电性

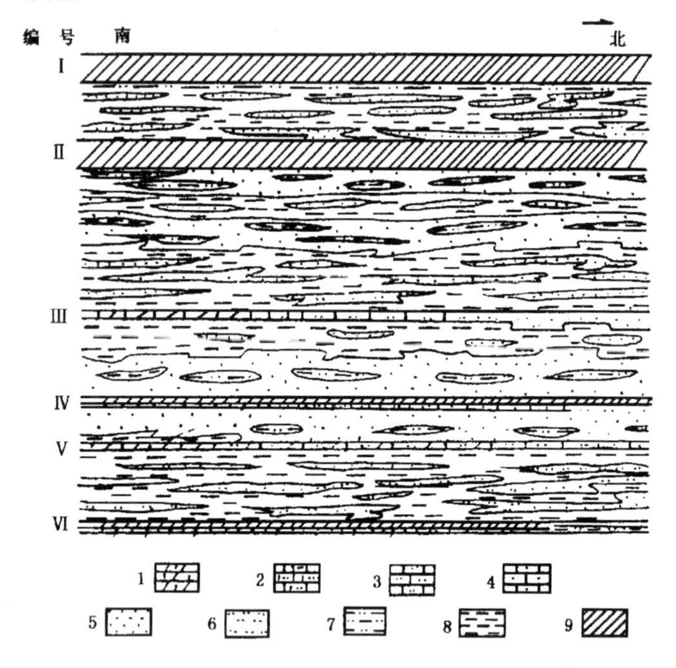

图 4－9　甲、乙油层第Ⅰ—Ⅵ号标准层出现顺序
1—介形虫灰岩;2—含介形虫钙质粉砂岩;3—钙质粉砂岩;
4—钙质砂岩;5—砂岩;6—粉砂岩;7—泥质粉砂岩;
8—泥岩;9—稳定的黑色泥岩

上与上、下邻层无标志性差异,不能选作标准层。

(3)研究标准层、邻近层的岩性、电性特征,邻层至标准层的厚度变化,认识标准层与邻层的岩性组合特征和演变关系,掌握各标准层的层位特征。

总之,研究稳定沉积岩层在剖面上的分布规律(图 4－9),发现更多的标准层,是对比过程中经常要注意的问题,由于沉积条件的差异,在沉积旋回的分界附近,或者在同一沉积旋回不同岩相段的分界附近,往往使两种岩相的典型岩性直接接触,或者相混出现,稳定沉积层特征突出,易于识别,是寻找标准层应着重研究的层段。甲、乙、丙油层内十五层标准层大部分布于二级、三级旋回

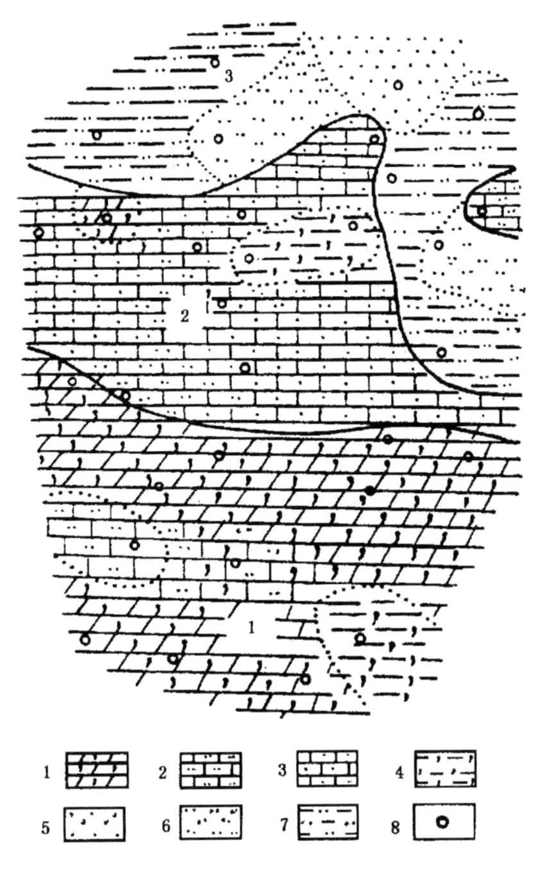

图 4-10 第Ⅳ号标准层岩性图

1—介形虫灰岩；2—钙质粉砂岩；3—钙质砂岩；4—含介形虫泥岩；5—砂岩；6—粉砂岩；7—粉砂质泥岩；8—资料点

的分界处，或同级旋回内部两个不同岩相段的交替层段附近。因此寻找标准层重点层段是：沉积旋回的分界附近；沉积岩岩相的交替层段。

3. 标准层的分级

根据岩性、电性特征的明显程度和稳定分布范围大小，大庆油田单层对比的标准层分为两级（称之为标准层与辅助标准层）：

(1)一级（标准层）：为稳定沉积岩层，岩性、电性特征明显，在三级构造范围内稳定分布。其岩性大都为黑色泥岩、页岩、介形虫灰岩，稳定程度(a)达90%以上。

$$a = \frac{n}{N} \times 100\%$$

式中 n——岩性、电性特征明显的井层数；

N——全区总井层数。

(2)二级(辅助标准层)：岩性、电性特征在三级构造上的局部地区有相对稳定性，作为各级对比在各分区内的辅助标志。在甲、乙、丙油层对比中，辅助标准层分区选用，岩性一般为钙质粉砂岩与灰绿色、深灰色泥岩的组合，其稳定程度一般只高于50%。

综合上述各节认为：由地壳振荡性的升降运动所形成的，在沉积剖面上的多级组合的旋回性，是“旋回对比，分级控制”对比单层的依据；认识各级沉积旋回特征，掌握沉积岩相演变的规律和三级旋回内部沉积韵律的特征，合理地划分各级对比单元，是遵循油层客观自然组合，进行分级控制对准单层的根本保证；在此基础上选择标准层控制分组、分段界线，是提高单层对比精度的重要步骤。归结起来分单层对比的基本方法是：旋回对比，分级控制，以标准层确定各段的确切界线。具体地说就是：在旋回对比的基础上，以标准层划分大段，三级旋回划分复油层，根据复油层内的岩性组合规律对比单油层。

六、“岩性相似，厚度比例大致相等”的原则

“旋回对比，分级控制”的对比方法是多种对比方法的综合运用。由于沉积层普遍存在着多级组合的旋回性，“旋回对比”在地层、油层对比中具有普遍意义。在对比中切实掌握和运用旋回规律，尤其是掌握小旋回及其内部韵律组成特征，就能从深度和广度上扩大对比范围；对比单元可以细到单层，对标准层少的沉积岩系采用逐级控制的方法，也能做到分单层对比。

在油层沉积相对稳定，岩性组合的规律相同，各级沉积旋回与

沉积韵律的厚度在平面上按一定方向作有比例的均匀变化时,具有这种变化特征的旋回和韵律反映在电测曲线上必然也有相似的组合形态,在这种前提下,"岩性相似[1],厚度比例大致相等"的方法就成为掌握这套"旋回对比"方法,进行单层对比的一条重要原则。在大庆油田上甲、乙、丙油层沉积相对稳定;各级旋回与韵律的厚度具有方向性的均匀变化的规律,同级旋回之间的厚度比例,同级旋回内部韵律组成之间的厚度比例,在一定范围之内有着相似的关系(表4-6)。因此在运用"旋回对比"方法进行单层对比时普遍的用了"岩性相似,厚度比例大致相等"的原则确定各级层组及单层的层位对应关系。归结起来说,这条原则适用于在相对稳定的浅水和半深水相的碎屑沉积中进行油层对比。对这种特定条件而言,在运用时有一定的局限性。所以,在单层对比时,"旋回对比"方法视油层沉积特征而有不同的具体运用方法,必须从实际出发。

所谓"稳定沉积"、"不稳定沉积"之说,是由不同类型沉积物相对比较的结果。对一切沉积物来说,都要受多种外营力与内营力的同时相互作用,控制了沉积物在时间和空间上的分布,使其岩性、厚度有着不同程度的变化;因而"不稳定性"是一种普遍现象。但是,另一方面对于每一沉积物来说,都有相对的稳定性,只是稳定程度和相对稳定分布范围大小有所不同而已。考虑到这种客观现象,注意把"岩性相似,厚度比例大致相等"的运用范围置于沉积物相对稳定的界线之内,那么这种对比方法,也就有一定的普遍性了。

七、"旋回对比、分级控制"方法的要点

从甲、乙、丙油层各级旋回与韵律的岩性、厚度变化规律的实际情况出发,运用"旋回对比,分级控制"方法进行单层对比时,归结起来要掌握以下几个要点:

1. *用标准层划分大段——油层组对比方法*

(1)掌握油层组的岩性、岩相变化的旋回性,及其反映在电测

---

[1] 岩性相似的岩层或岩层组合,在电测曲线上,有相似的曲线形态。

曲线形态上的组合特征。

(2)掌握油层组厚度变化规律。

(3)用标准层定层位对应关系的具体界限。

2.用三级旋回划分小段——复油层对比方法

(1)分析油层组内部三级旋回的性质、岩性组合类型、演变规律、旋回厚度变化,及电测曲线组合特征。

(2)以在局部构造范围内分布相对稳定的泥岩层,作为对比时确定层位关系的具体界线。

(3)标准层或局部性的辅助标准层可以用来控制旋回界限。

3.掌握三级旋回内各类岩性组合规律对比单层

(1)分析复油层内各单层的韵律特征包括:①各砂岩层的相对发育程度;②砂岩间泥岩层的相对稳定程度;③各单层在复油层中所占的厚度比例和层序。以达到掌握各单层的层位特征,以及这些特征在电测曲线上的显示。

(2)按岩性相似的特点和厚度比例关系,以有稳定泥岩分隔(或标准层辅助标准层)为界限,确定各单层在横向上的层位对应关系,进行单层对比。

八、单层对比的工作程序

在油田详探和开发阶段的油田地质研究中,单层对比工作的组织和安排要根据生产要求,满足油田开发设计和开采动态分析的需要;如对比速度要跟上生产需要,对比成果要求精度高,成果的整理综合方法力求简便实用。

大庆油田油层研究中,单层对比工作是这样进行的:

1.初期需要应用多种资料进行综合对比,解决以下几个问题

(1)认识含油岩层内各级沉积旋回、岩相段、各岩相区内沉积韵律特征及其稳定分布范围。划分各级对比单元,确定各级层、组划分的原则和标准;

(2)了解各项测井、录井资料在反映油层特性及各级层、组层位特征上的明显程度,以便正确地选用对比资料;

(3)分区建立标准剖面,作为分区划分、对比的样板。

一般面积较大的油田,都是分块、分期进行开发,单层对比要适应这种次序进行,大庆油田单层对比按切割区建立标准剖面,编制单层对比标准层剖面图,为此先做好如下工作:①选定标准层;②选定能代表本区岩性、电性特征的岩性剖面和电测曲线;③统一分区内的单层编号。

2.逐井、逐层对比,与全区对比对应

按井排、井列组成纵、横剖面或栅状网控制全区,逐井、逐层地进行对比;统一各级对比单元的划分标准,统一单层层位标准,使全区各级对比层位一一对应。

3.跟井对比,各井层位统一

紧密结合生产,及时满足需要,要求取得完钻电测资料后立即进行对比,对比时与周围相邻井组成井组,形成闭合圈对比,达到层位统一,保证对比精度。

以油层组为单位,进行单层统一编号,及时地整理单层对比成果,编单层数据表(表4-7)、油层剖面图(图4-11)、分单层的平面图(图4-12),供有关单位使用。

4.按切割区分期进行统一层位的检查性对比

随着生产实践提供的资料日益增多,对比工作的大量实践,就会暴露早期在资料较少,工作经验缺乏的情况下,由于认识的局限所存在的矛盾,需要及时的进行调整,提高对比精度。因此在油田开发阶段,随着井数成批增加,资料的积累,需要分阶段进行检查性的统一层位的对比:

(1)在钻完第一套井网之后,与全部生产井完钻之后,都要进行检查性对比。

(2)在注水开发情况下,统一层位的检查性对比以切割区为单位。

(3)检查性对比的任务是:①全面系统的验证和检查对比成果,衡量对比精度,对该区单层对比作结论;②总结对比方法,通过实践不断的充实、完善、发展“旋回对比,分级控制”的对比方法。

表 4－7 ______区______排______井单油层数据表

油层组	单层编号	砂岩井段 m	砂岩厚度 m	有效厚度 m		渗透率 $10^{-3}\mu m^2$		地层系数 $10^{-3}\mu m^2 \cdot m$	有效孔隙度 %	真电阻率 Ω·m	单层数据				备注
				一类	二类	有效	空气				层号	砂岩厚度 m	有效厚度 m	渗透率厚度权衡值 $10^{-3}\mu m^2$	

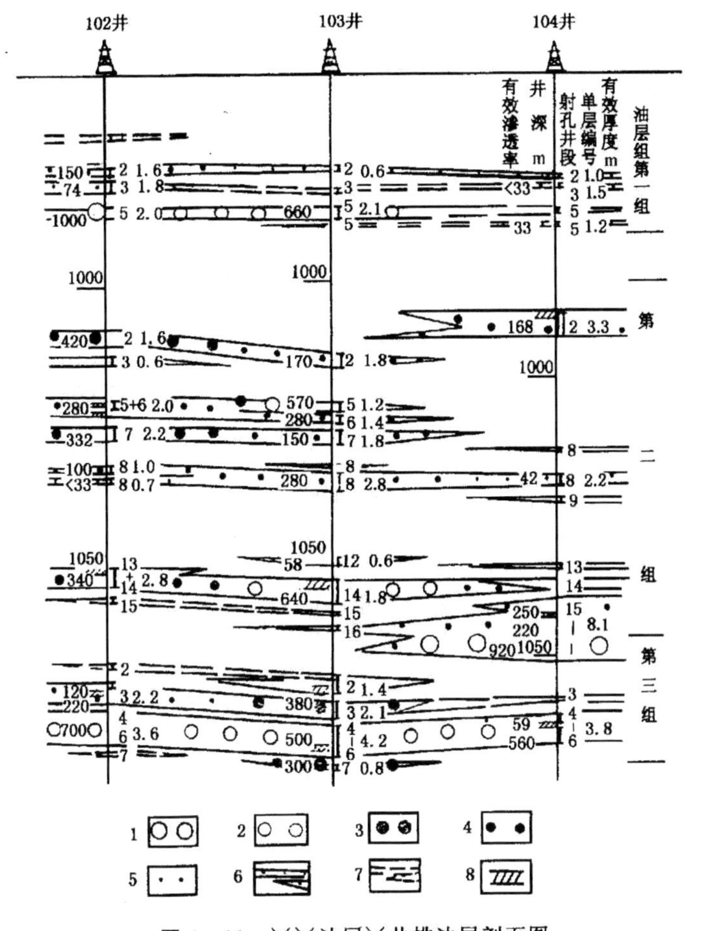

图 4－11　××油层×井排油层剖面图

1—特高渗透层（>$800\times10^{-3}\mu m^2$）；2—高渗透层（$500\sim800\times10^{-3}\mu m^2$）；3—中渗透层（$300\sim500\times10^{-3}\mu m^2$）；4—低渗透层（$100\sim300\times10^{-3}\mu m^2$）；5—特低渗透层（<$100\times10^{-3}\mu m^2$）；6—有效厚度层；7—不具有效厚度的砂岩层；8—有效厚度层中非有效厚度部分

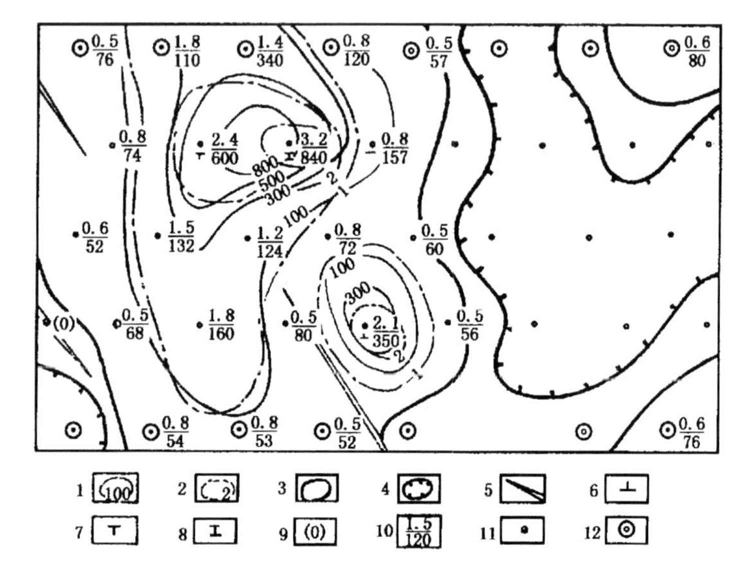

图 4－12　××油层第×单层平面图

1—有效渗透率等值线；2—有效厚度等值线；3—有效厚度零线；4—砂岩尖灭线；5—断层；6—与上层连通；7—与下层连通；8—与上、下层连通；9—油层断失；10—$\frac{1.5\ (\text{油层有效厚度,m})}{120\ (\text{有效渗透率},10^{-3}\mu m^2)}$；11—生产井；12—注水井

第五章　断层对比

断层对比实际上也是地层、油层的对比内容。之所以单独列为一章,是为强调断层对比的重要性。在整个地层、油层对比过程中,断层对比占有重要地位。有时由于未对比出断层,或将断层位置对比错误,都将会导致在油田开发中层系不对应,钻井过程中漏掉油气层,从而造成重大失误。

在对比断层过程中,不是只用相邻几口井对比就能得出正确的结果。在对比过程中要考虑不能用断层的同一个盘(上升盘或下降盘)的测井曲线进行对比;不同盘测井曲线对比要消除地层厚度变化的影响;在平面上要考虑地层纵、横向厚度变化趋势;要考虑井位是否正确;要考虑不同层位视电阻率高低变化等等。

只将断层位置对比出来,并不算就得出了正确结果。还要将断层对比结果(主要对开发的油田)通过断层面图、构造图、地层油层剖面图等进行分析、检验本井所对比的断点溶度、断失层位、断距是否符合地下实际情况。只有这样,才能得出断层对比的正确结果。

1.对比断层的方法

在沉积盘地内所发现的油、气田,大多都是正断层,即只有层位的断失和地层厚度的减薄,而无逆断层的层位重复和地层厚度增加的现象。

一般情况下,存在下列情况按有断层进行对比:

(1)当缺失地层或油层标准层、标志层时肯定有断层存在。

(2)各段地层和油层的厚度与邻井对比减薄,而某一或某些曲线形态的缺失或地层、油层厚度明显减薄。此时,可按有断层进行对比。

具体对比方法:

(1)先选一口与新井在同一断块上,井位比较近,最好选无断层而层位全的井的曲线作为对比断层的依据。用新测得的微电极曲线和1:500的2.5m底部梯度曲线与邻井相应曲线对比油层和地层中的断层。

(2)对比断层的重点井段应是地质设计有断层的层位及其上下井段,还要根据地震和钻井所落实的断层的产状要素,预计新井钻遇断层的层位。

(3)对比时,首先自上而下先对比出某一标准层,然后按曲线形态的每个尖峰和凹档一一对比下去,直至形态对比不起来为止;在两张图上均作出记号“1”;其次再自下而上先对比出另一个标准层,然后按曲线形态每个尖峰和凹档一一对比上去,直至对不起来为止,在两张图上均作出记号“2”。此时在新井图上“1”和“2”两点,一般重合为一点就是断点。在钻遇大断层时,“1”和“2”记号之间有一段曲线形态异常的井段,这是地层因断层的牵引所致而形成的断层破碎带的曲线形态,往往将断点定于断层破碎带的顶部。

在邻井图上的记号“1”和“2”之间的距离、层位和井段,就是新井的断距、断失层位、断失邻井相当的井段。

在现场若有条件时,可以多对比几口井,以使求其断点位置和断距大小更准确些(图5-1)。

2.大段厚层泥岩中的断层对比

在断层对比过程中,有时遇到大段的厚层泥岩,其在电测曲线上视电阻率显示为低值,这种情况很难对比出断点深度。此时一方面应综合运用邻井资料,并绘制出地层剖面图进行分析、对比。另一方面,不能用断层的同一盘进行对比。如4—311井嫩二段(大段黑色泥岩)处于断层的地垒处。如果用地垒处相邻井对比,则发现不了断层,因其两口相邻井地层厚度基本上相当。而用另一盘(下降盘)的4—321井对比时,则地层厚度减薄10m(图5-2)。

3.地层视电阻率高、低影响对比结果

1982年4月25日完钻的喇4—3026井,原来对比未发现有断层,因此误将明一段(m_1)顶部的砂岩组(明一段上面的一个正

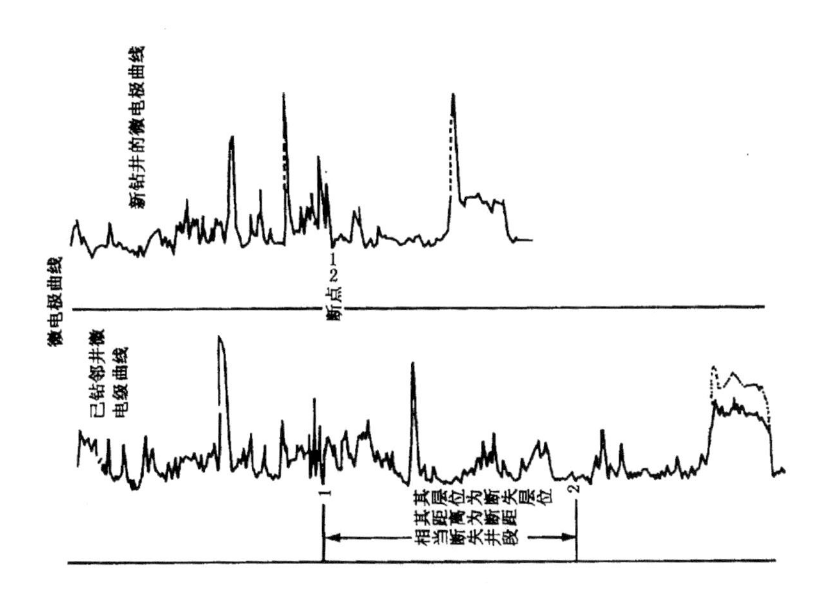

图 5－1　断层对比示意图

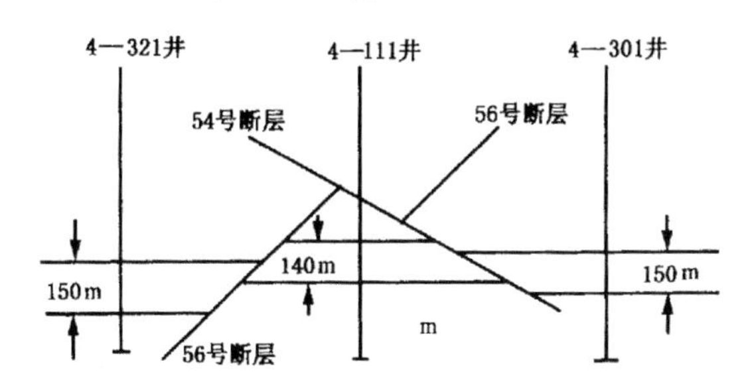

图 5－2　厚层泥岩断层对比示意图

旋回)的底界划为明一段底界。因明一段有两个正旋回:上部的一个正旋回砂岩组 2.5m 视电阻率为 60Ω·m 左右,下部的一个正旋回砂岩组 2.5m 视电阻率为 30Ω·m 左右,两者视电阻率相差 1 倍,但曲线形态相似。之所以将明一段(m_1)上面的正旋回砂岩底界当成明一段底界,是忽略了上、下旋回砂岩组的视电阻率有明显差别。

经重新对比,4—3026 井断点深度为 125m,断距 49m,断失层位是明一段下部至四方台组顶部，相当于邻井 4—302 井井深 127.0～176.0m(图 5-3)。

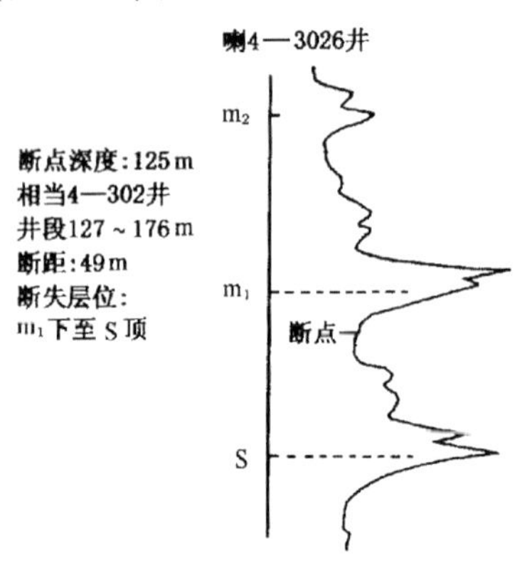

图 5-3 喇 4—3026 井电测曲线示意图

第六章　地层、油层、断层对比实例

一、松辽盆地化石带的划分与地层的对应关系

生物地层单位的传统术语是带。生物带的含义通常是表示某一个层或层组(或伴生岩石体)和相邻地层具有关系一致的化石内容和古生物特征。这种生物地层带完全由它所含的化石来确定。松辽盆地白垩纪生物化石经过20多年的详细研究,积累了丰富的资料,化石建带具备较好的基础,介形类、孢粉、叶肢介、轮藻化石都进行了组合划分和属种延续的研究工作,初步建立起了各门类化石的生物带(表6－1)。从化石建带的情况看,松辽盆地生物地层单位的界限也是很清楚的;化石带的界限一般与一个组或一个段的界限吻合,个别的小于段,也有的大于组,但上下界限都与岩石地层单位的界限吻合。表6－1表示了松辽白垩纪介形类、叶肢介、孢粉、轮藻化石带的划分及与岩石地层组段间的关系。全盆地建立了14个白垩纪介形类化石组合带,泉二段以下为介形类化石哑带,至今未发现化石。在这些化石带中,有8个带的范围与岩性段一致,一个带即背角女星虫—外饰女星虫组合带的范围与组(姚家组)的上下界限一致,小于岩性段的带有4个,它们是青二段的隆起湖女星虫—膨胀松辽虫组合带、德惠女星虫—虚影女星虫组合带和嫩一段的公主岭女星虫—急剧女星虫组合带、粗糙女星虫组合带。只有简易哈尔滨虫组合带相当于两个段(嫩四、五段)。

盆地内叶肢介化石带为延续带,泉头组以下由于化石少,未建带。青山口组—明水组,张文堂等建立了7个带,陈乃贤建立了10个带,内容基本是一致的,除了嫩江组的化石带划分得很细外,其他带多相当于组。四方台组和明二段至今未发现叶肢介化石,应为间隔带。

表 6-1　松辽盆地各门类化石带与地层关系表

<table>
<tr><th colspan="2">门类
化石带
地层</th><th colspan="2">介　形　类
(叶德泉 1979)</th><th colspan="2">叶　肢　介
(陈乃贤 1976)</th><th colspan="2">孢　　粉
(高瑞祺 1978)</th><th colspan="2">轮　　藻
(王振,芦辉楠,赵传本 1978)</th></tr>
<tr><td rowspan="2">明水组</td><td>二段</td><td rowspan="3">Cristocypridea 群</td><td rowspan="2">Cypridea myriotuberculata 组合带</td><td rowspan="12">Estherites–palaeolimnadiopsis 群</td><td></td><td rowspan="7">被子植物花粉发育组合带</td><td>Ulmoideipites 亚组合带</td><td rowspan="3">戈壁拉氏(拉氏)轮藻—伸长新轮藻组合(带)</td><td>Croftiella norma 亚组合(带)</td></tr>
<tr><td>一段</td><td>Daxingestheria distincta 带</td><td>Aquilapollenites 亚组合带</td><td>Latochara curtula subsp. dongbeiensis 亚组合(带)</td></tr>
<tr><td colspan="2">四方台组</td><td>Cristocypridea amoena 组合带</td><td></td><td>Rolund tricolporate 亚组合带</td><td>Latochara yuananensis 亚组合(带)</td></tr>
<tr><td rowspan="6">嫩江组</td><td>五段</td><td rowspan="9">Cypridea 群</td><td rowspan="2">Harbina hapla 组合带</td><td rowspan="3">Plaeolimnadiopsis anguangensis et P. altilis 带</td><td rowspan="4">Loranthacites 亚组合带</td><td rowspan="9">农安梅球轮藻—肇源钝头轮藻组合(带)</td><td rowspan="6">Maedlerisphaera heilongjiangensis 亚组合(带)</td></tr>
<tr><td>四段</td></tr>
<tr><td>三段</td><td>Ilyocyprimorpha inandita 组合带</td></tr>
<tr><td>二段</td><td>I. netchaevae—I. magrifica 组合带</td><td>Calestherites hormos 带 Estherites mitsuishii 带</td></tr>
<tr><td rowspan="2">一段</td><td>Cypridea gunsulinensis—C. ardua 组合带</td><td rowspan="2">Halysestheria deflecta 带 Sphaerograpta aff. yui 带 Dicyestheria aff. ovata 带</td><td rowspan="5">桫椤孢高含量组合带</td><td rowspan="2">Proteacidites 亚组合带</td></tr>
<tr><td>C. squalida—C. anonyma 组合带</td></tr>
<tr><td rowspan="3">姚家组</td><td>三段</td><td rowspan="3">C. dorsoangula—C. exornata 组合带</td><td rowspan="2">Leptolimnadia hongangziensis 带</td><td rowspan="2">Monocolpate—Taurocusporites 亚组合带</td><td rowspan="3">Maedlerisphaera minuschla 亚组合(带)</td></tr>
<tr><td>二段</td></tr>
<tr><td>一段</td><td></td><td>Cyathidites 亚组合带</td></tr>
</table>

续表

<table>
<tr><th colspan="2">门类
化石带
地层</th><th colspan="2">介形类
(叶德泉 1979)</th><th colspan="2">叶肢介
(陈乃贤 1976)</th><th colspan="2">孢粉
(高瑞祺 1979)</th><th colspan="2">轮藻
(王振,芦辉楠
赵传本 1978)</th></tr>
<tr><td rowspan="4">青山口组</td><td>三段</td><td rowspan="12">Cypridea 带</td><td>Triangulicypris symmetrica—Cypridea panda 组合带</td><td rowspan="12">Cratostracus–Nemestheria 带</td><td rowspan="3">Bairdestheria shanchahenensis 带
Nemestheria qingshankouensis et Liograpta yingtaiensis 带</td><td rowspan="4">桫椤孢高含量组合带</td><td rowspan="3">Nevesisporites—Balmeisporites 亚组合带</td><td rowspan="4">农安梅球轮藻—肇源钝头轮藻组合(带)</td><td rowspan="4">Aclistochara songliaoensis 亚组合(带)</td></tr>
<tr><td rowspan="2">二段</td><td>Limnocypridea inflata—Sunliavia tumida 组合带</td></tr>
<tr><td>C. dekhoinensis—C. adumbrata 组合带</td></tr>
<tr><td>一段</td><td>Triangulicypris torsuosus 组合带</td><td rowspan="9"></td><td>Pinuspollenites 亚组合带</td></tr>
<tr><td rowspan="4">泉头组</td><td>四段</td><td>C. subtuberculisperga 组合带</td><td rowspan="4">无口器粉—松粉高含量组合带</td><td rowspan="2">Pinuspollenites—Classopollis 亚组合带</td><td rowspan="4">东北迟钝轮藻—三褶缚紧奇异轮藻组合(带)</td><td>Maedlerisphaera raricostata 亚组合(带)</td></tr>
<tr><td>三段</td><td>C. elliptica 组合带</td><td>Euaclistochara mundula 亚组合(带)</td></tr>
<tr><td>二段</td><td rowspan="6"></td><td rowspan="2">Inaperturopollenites—Foveotriletes 亚组合带</td><td rowspan="6"></td></tr>
<tr><td>一段</td></tr>
<tr><td rowspan="4">登娄库组</td><td>四段</td><td rowspan="4">里白孢高含量黑光面三缝孢组合带</td><td rowspan="4"></td><td rowspan="4">三褶奇异轮藻组合(带)</td></tr>
<tr><td>三段</td></tr>
<tr><td>二段</td></tr>
<tr><td>一段</td></tr>
</table>

盆地内的孢粉化石和轮藻化石都很丰富,组合的变化规律和地层界限较为一致。目前孢粉化石划分出4个高含量组合带,11个亚组合带,并根据被子植物花粉的演化划分出7个演化阶段,4个亚阶段。轮藻化石经初步研究,已划分出4个组合,8个亚组合,建带工作还在酝酿中。总的说来,棒纹粉阶段与其上部的小三沟粉—多孔粉阶段界限清楚,三褶奇异轮藻组合(带)与其上部的三褶—缚紧奇异轮藻—东北迟钝轮藻组合(带)的界限清楚,农安梅球轮藻—肇源钝头轮藻组合(带)与其上部的戈壁拉氏(拉氏)轮藻—伸长新轮藻组合带的界限清楚,可以很好的把泉头组与登娄库组、嫩江组与姚家组、四方台组与嫩江组分开。泉头组的孢粉与轮藻化石比较特征,与青山口组的界限同岩性组段一样明显,划分开不困难。

为满足大庆油田油层细分对比的需要,介形类化石延续带的研究取得良好的结果。大庆油田萨尔图油层、葡萄花油层、高台子油层中的介形类化石是一些壳饰简单,几何形态变化明显,数量繁多,属种不多的类型,如中等个体的女星虫(*Cypridea*)、狼星虫(*Lycopterocypris*)、三角星虫(*Triangulicypris*)等。根据化石形态的演化规律和属种的谱系关系,以及一些种的发生—发展—繁盛—绝灭过程和在地层中的延续层位,目前在大庆油田建立了16个介形类化石带(图6-1),每一个化石带都是以其绝灭界限作为顶界,划分的小的生物地层单位界限大体上与油田生产中划分的砂层一致,而且在油田范围内均可以对比。

二、大庆油田介形类化石在油层对比中的应用

松辽盆地白垩纪地层颇为发育,剖面完整,分布广泛,沉积厚度大,其中含有丰富的化石,如介形类、叶肢介、腹足类、瓣鳃类、植物、昆虫及鱼类等。尤其是介形类化石分布广泛,数量多,保存很好。此外还有少量的爬行类。通过多年的地质勘探工作,古生物工作者对白垩纪地层中的介形类化石进行了较详细的研究,从纵向上建立了14个介形类化石组合(表6-2),在区域地质勘探进

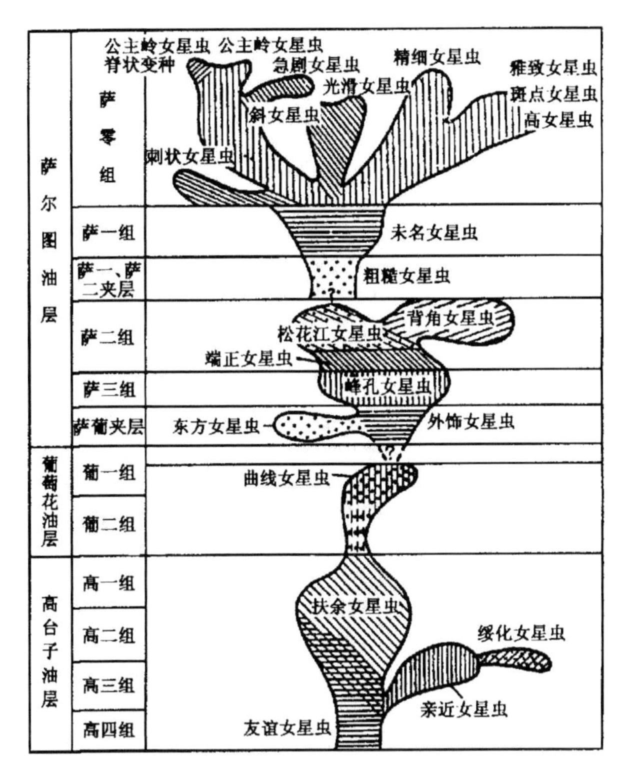

图 6－1　大庆油田中等个体女星虫演化树

行地层划分和对比方面起了一定的作用,在盆地内将地层有效地划分到组和段,对油层的细分和对比具有很重要的意义。

表 6－2　介形类化石组合层位分布表

地层				介形类化石组合名称
系	统	组	段	
第四系				
第三系		泰康组		
		大安组		
		依安组		

续表

地层				介形类化石组合名称
系	统	组	段	
白垩系	上统	明水组	m_2	*Cypridea myriotuberculata*, *Mongolianella perlucida*, *Cyclocypris deformata*
			m_1	
		四方台组	s	*Cristocypridea amoena*, *Lycopterocypris crossata*, *Metacypris kaitunensis*
	下统	嫩江组	n_{4+5}	*Cypridea porrecta*, *Cypridea augusta*, *Harbinia hapla*
			n_3	*Cypridea spongvosa*, *Ilyocyprimorpha inandita*
			n_2	*Cypridea liaukhenensis*, *Cypridea bella*, *Ilyocyprimorpha netchaevae*
			n_1	*Cypridea gunsulinensis*, *Cypridea ardua* *Advenocypris deltoideus*, *Cypridea squalida*
		姚家组	y	*Cypridca obscura*, *Cypridea dorsoangula*, *Ziziphocypris concta*, *Cypridea pusilla*
		青山口组	qn_3	*Cypridea panda*, *Triangulicypris symmetrica*, *Lycopterocypris subovatus*, *Ziziphocypris rugosa*
			qn_2	*Cypridea vicina*, *Cypridea fuyuensis*, *Limnocypridea inflata*, *Kaitunia andaensis*
				Cypridea dekhoinensis, *Cypridea*, *nota*, *Limnocypridea copivsa*, *Limnocypridea bucerusa*
			qn_1	*Triangulicypris torsuosus*
		泉头组	q_4	*Cypridea subtuberculisprerga*, *CYpridea vetusta*
			q_3	*Cypridea ellipitica*
			q_2	
			q_1	
		登娄库组	d	

松辽盆地中部白垩系沉积较厚，地层剖面较为完整，介形类化石在各组、段中分布广，数量多，保存完整。为了开发油田的需要，我们对一些壳面装饰和构造比较简单、中等个体的 *Cypridea* 进行了详细分析研究。结果表明，这些介形类化石在地层中的分布规律，对细分本区地层，进一步研究油层有着重要的意义。介形类化

石取自大庆油田青山口组上部到嫩江组一段下部这段地层,即所属高台子油层、葡萄花油层和萨尔图油层。

1.各油层的沉积特征及介形类化石分布情况(自下而上)

1)高台子油层的沉积特征及介形类化石分布

高台子油层上覆姚家组一段砂质岩,下伏青一段黑色泥岩,上下界线比较清楚。依据古生物化石和岩性及其旋回特征,将其划分为4个油层:

(1)高Ⅳ(厚度80~130m):沉积时湖盆沉降速度减慢,湖底较平,湖盆收缩,湖水变浅,浅湖面积增大。沉积以黑色泥岩为主。在滨浅湖区有薄层粉砂岩、泥质粉砂岩、鲕状灰岩、藻类灰岩、介形类灰岩,在湖湾形成生物礁。介形类化石非常丰富,具瘤刺壳饰类型的介形类大量出现,常见的化石主要有:*Triangulicypris torsuosus*, *Triangulicypris torsuosus* var. *nota*, *Triangulicypris trinoderis*, *Triangulicypris virgata*, *Cypridea nota*, *Cypridea gibbosa*, *Cypridea de Khoinensis*, *Cypridea bistyloformis*, *Cypridea adumbnata*, *Cypridea pcrissospinosa*, *Limnocypribea Copiosa*, *Limnocypridea bucerusa*, *Limnocypridea inflata* 等。沉积早期的介形类壳饰发育,瘤、刺大;中期的瘤、刺变小,渐衰退,个体也相应地变小;晚期的具瘤、刺壳饰的介形类全部绝灭。

此期主要属种的延续时限是:高Ⅳ4沉积末期 *Triangulicypris trinoderis* 绝灭。高Ⅳ3沉积末期 *Triangulicypris torsuosus* var. *nota* 绝灭。高Ⅳ2沉积末期 *Cypridea bistyloformis* 绝灭。高Ⅳ沉积末期具瘤、刺壳饰的介形类全部绝灭,而 *Limnocypridea* 及壳面仅具蜂孔的 *Cypridea* 又兴起。

(2)高Ⅲ(厚度65~70m):沉积初期湖盆比高Ⅳ组沉积的末期略有收缩,后期收缩明显,因而粗碎屑沉积物增加,化学沉积减少。本组沉积是以薄到中厚层粉砂岩、泥质粉砂岩与灰黑色、灰绿色泥岩互层为主。在滨湖区夹一些介壳灰岩、鲕状灰岩。沉积物粒度由下至上变粗,颜色变浅,呈反旋回沉积。常见的介形类化石下部主要有 *Triangulicypris torsuosus*, *Limnocypridea inflata*, *Limno-*

cypridea bucerusa；上部主要有 *Cypridea vicina*，*Cypridea suihuaensis*，*Cypridea nota*，*Ziziphocypris rugosa*，*Kaitunia andaensis* 等。

从介形类化石的特征发育情况看，早期以壳面具蜂窝装饰的 *Limnocypridea* 为主；晚期则以壳面光滑、壳厚、背缘叠覆明显的 *Cypridea*，*Sunliavia* 为主，到末期 *Cypridea nota*，*Cypridea suihuaensis*，*Sunliavia tumida* 绝灭。

(3)高Ⅱ(厚度80～85m)：沉积初期水进，湖盆面积比高Ⅲ组沉积时期扩大，后期水退，呈反旋回沉积。岩性为灰、黑色泥岩夹介形类钙质层。在滨浅湖区有薄层粉砂岩、介壳灰岩、鲕状灰岩，各种生物化石极为丰富，尤其介形类化石十分丰富，常见的有20多种。主要有：*Limnocypridea bucerusa*，*Limnocypridea inflata*，*Kaitunia andaensis*，*Cypriaes edentula* 等。上部主要有：*Lycopterocypris reniformis*，*Lycopterocypris grandia*，*Lycopterocypris flatilis*，*Triangulicypris symmetrica*，*Cypridea fuyuensis* 等。下部以 *Limnocypridea* 繁盛为特征，大部分介形类壳面具峰窝装饰；上部以壳面光滑的类型占多数。在沉积早期 *Cypridea* 壳面峰窝装饰发育良好，晚期其壳面峰窝装饰较差。

高Ⅱ4沉积末期 *Kaitunia andaensis* 绝灭。高Ⅱ3层沉积末期 *Limnocpridea* 全部绝灭。高Ⅱ2沉积末期 *Cypridea edentula* 绝灭。高Ⅱ1沉积时期，以壳面光滑、个体较大的 *Lycopterocypris* 繁盛为特征，沉积末期 *Lycopterocpris reniformis* 和 *Lycopterocypris grandis* 绝灭。

(4)高Ⅰ(厚度50～55m)：岩性为薄层粉砂岩与黑色泥岩、灰绿色过渡岩互层，夹钙质粉砂岩；顶部在局部地区见红色泥岩，下部为反旋回沉积，上部在局部地区为正旋回沉积。介形类化石不论属种及个体数量都比前几个油层组大大减少，常见的有：*Cypridea fuyuensis*，*Cypridea obscura*，*Cypridea tera*，*Triangulicypris symmertica* 等。沉积早期以 *Cypridea fuyuensis* 繁盛为特征；中期此种衰退，但此时期 *Cypridea* 个体的长度增加到最大；晚

期以壳面具峰窝的 *Triangulicypris symmetrica* 繁盛为特征，直到末期全部绝灭。

2）葡萄花油层、萨尔图油层的沉积特征及介形类化石分布

葡萄花油层、萨尔图油层沉积于青山口组反旋回上部和姚家期—嫩江组复合旋回的下部。沉积条件变化较为急剧，沉积环境经历了青山口组沉积晚期的水退，嫩江组沉积早期的水进过程，形成了一套以湖相为主的河、湖相交互沉积，其中介形类化石的特征是属种单调、数量极多、壳面光滑或具峰窝。

葡萄花油层所含介形类化石以个体较小、壳面光滑、形状似肾形或三角形的 *Lycopterocypris* 和 *Triangulicypris* 属为主。萨尔图油层则以 *Cypridea* 属为主（自下而上分层进行叙述）。

（1）葡Ⅱ（厚度 30～40m）：沉积初期水进，沉积物以黑色泥岩为主，富含介形类化石，偶夹薄层粉砂岩。沉积中期水退，为一套黑色、灰绿色泥岩夹薄层粉细砂岩。沉积晚期又一次水进，为一套灰黑色、灰绿色泥岩、粉砂质泥岩。介形类化石主要以个体小、壳面光滑的 *Triangulicypris* 为主，常见的有：*Trianguliocypris vestiluc*，*Triangulicypris fusiformis*，*Lycopterocypris pumi is*，*Cypridea obscura*，*Cypridea tera*，*Cypridea socorformis*，*Ziziphocypris rugosa* 等。

（2）葡Ⅰ（厚度 30～70m）：葡 $Ⅰ_{5-7}$层沉积时期为葡Ⅱ组水进期的继续，岩性为灰黑、灰绿色泥岩夹粉砂质泥岩及泥质粉砂岩互层。葡 $Ⅰ_4$ 层沉积早期为黑色泥岩，水平层理发育；中期为灰色深灰色含粉砂质泥岩，夹钙质粉砂岩薄层；晚期为粉砂岩，局部地区顶部被剥蚀。葡 $Ⅰ_{1-3}$沉积时期主要是河流三角洲沉积，岩性为厚层砂岩与灰绿、紫红色泥岩互层，介形类化石极少。葡Ⅰ组的介形类化石主要分布在葡 $Ⅰ_{4-7}$层，常见的有：*Lycopterocypris subovatus*，*Cypriden panda*，*Cypridea bianzhaoensis*，*Cypridea tera*，*Ziziphocypris rugosa* 等。葡 $Ⅰ_4$ 层沉积后期水退，*Cyprideapanda* 和 *Lycopterocypris* 等个体均变小，说明此时期沉积环境发生了急剧变化。

(3)葡、萨夹层沉积时期，湖盆沉降，面积扩大，陆源碎屑少，沉积了一套区域上岩性差异较大的沉积物。深和浅湖区为黑色泥岩，滨湖区为杂色泥岩和砂岩。介形类化石以大个体的 *Cypridea* 和中等个体的 *Cypridea* 为主。主要化石有：*Cypridea exornata*, *Cypridea dongfangensis*, *Lycopterocypris retractilis*, *Ziziphocypris concta* 等。此期为大个体的 *Cypridea* 与 *Ziziphocypris* 繁盛时期。但在中期中等个体的 *Cypridea* 开始增多。

(4)萨Ⅲ(厚度 35～50m)：此组的沉积是处在前一时期水进后相对稳定的阶段。在大庆长垣南部岩性为黑色、灰绿色泥岩，北部为杂色泥岩夹粉细砂岩。介形类化石丰富，主要有：*Cypridea favosa*, *Cypridea tabolata*, *Ziziphocypris concta* 等。萨Ⅲ沉积时期 *Ziziphocypris concta* 数量减少，是中等个体的 *Cypridea* 繁盛时期。*Cypridea favosa* 自下而上个体缩短，壳面蜂窝状壳饰发育较差。

(5)萨Ⅱ(厚度 45～75m)：沉积早期处于水退阶段，在大庆长垣南部岩性为黑色泥岩，北部为黑色泥岩夹砂岩。中晚期水进，沉积物粒度向上变细，颜色变暗。此期中等个体的 *Cypridea* 又趋繁盛，伴生有 *Lycopterocypris*，早期 *Cypridea formosa* 较繁盛，常见的化石主要有：*Cypridea dorsoangula*, *Cypridea sunghuajiangensis*, *Cypridea formosa*, *Cypridea* aff. *sunghuajiangensis*, *Cypridea pusilla*, *Advenocypris deltoideus*, *Lycopterocypris obinflatus* 等。萨$Ⅱ_{10-13}$层大个体的 *Cypridea* 增多，保存不好。萨$Ⅱ_{1-9}$层介形类化石丰富，自下而上为 *Cypridea sunghuajiangensis*, *Cypridea dorsoangula*。萨$Ⅱ_{4-6}$层是水进期，也是沉积相对稳定的时期，介形类很发育，属种也很多。

萨Ⅱ组的介形类化石以壳面光滑类型为主，具蜂窝壳饰类型者，往往蜂窝与蜂窝相联，排列不规则。

(6)萨Ⅰ萨Ⅱ夹层沉积时期，沉降速度快，湖盆范围扩大，岩性为黑色泥岩夹油页岩。介形类化石属种较多，具瘤刺、蜂窝等壳饰。但保存不好，多受挤压变形。常见化石主要有：*Cypridea squalida*, *Cypridea turita*, *Cypridea spiniferusa*, *Candona prona*, *Advenocypris deltoideus*, *Advenocypris definita* 等。

(7)萨Ⅰ(厚度5～25m):沉积时期水退,但湖盆面积较大,沉积物为黑色泥岩夹薄层粉砂岩。常见的介形类化石有:*Cypridea anonyma*, *Cypridea porrecta*, *Lycopterocypris valida*, *Lycopterocypris mediocrus*, *Candona prona* 等。

(8)萨零组(厚度30～35m):沉积时期湖盆面积进一步扩大,沉积物为黑色泥岩夹粉砂岩和灰绿色泥质砂岩。介形类化石丰富,壳壁较厚,个体较大,常见的有:*Cypridea gunsulinensis*, *Cypridea gunsulinensis* var. *carinata*, *Cypridea ardua*, *Cypridea gracila*, *Cypridea acclinia*, *Cypridea oblonga*, *Limnocypridea sunliaoensis*, *Candonaprona* 等。本组沉积时期湖盆面积虽大,但湖水并不深。*Cypridea* 繁盛,其壳饰单调,壳形分异为多种,壳面光滑,腹部膨大。

2.介形类化石的演变规律在细分油层中的应用

根据大庆油田各油层中介形类化石的分布及纵向上的形态演变规律,有以下特征:

(1)油层中出现的介形类化石,是一些属种不多,个体数量丰富,保存完整,壳形变化明显,壳饰比较简单的类型。特别是 *Cypridea*, *Lycopterocypris*, *Triangulicypris* 三属,在油层中分布最广,个体数量最多。详细统计各油层的大量化石标本,仔细追溯这些化石的纵、横向分布情况,发现 *Cypridea* 背缘倾斜度和前背角的变化是很有规律的。在萨Ⅰ中的 *Cypridea anonyma*,背缘倾斜度大(8°～10°),前背角小。萨Ⅰ萨Ⅱ夹层中所含的 *Cypridea squalida* 背缘倾斜度小(仅4°),前背角大,壳面具粗糙的蜂窝装饰。从纵向上看,萨Ⅰ、萨Ⅱ夹层到萨Ⅰ所含 *Cypridea* 的背缘倾斜度由小增大,前背角由大变小,这种变化不是逐渐的,而是明显的,反映了一种灭亡而另一种兴起的演变过程。这种规律在萨Ⅰ、萨Ⅱ夹层和萨Ⅰ组的分层界线中是很清楚的。在萨Ⅱ$_{1-9}$层共生着近长方形的 *Cypridea sunghuajiangensis* 和圆三角形的

Cypridea dorsoangula。由下到上这两种类型的背缘倾斜度由小增大(8°~12°增为14°~22°),前背角由大变小,而且背角的最高点由壳的前1/4移至中部偏前,但高度和长度的比率变化不明显,萨Ⅲ$_7$—萨Ⅱ$_{1-3}$层由下到上为长椭圆形的 *Cypridea favosa* 和短椭圆形的*Cypridea formosa* 两种类型,长度和高度比率增大,背缘倾斜度和前背角变化不明显。但由下到上背缘倾斜度亦由小增大(7°~8°),前背角由大变小的趋势。葡Ⅰ$_4$—萨葡夹层,由下到上 *Cypridea panda* 和*Cypridea exornata* 的背缘倾斜度小由增大(5°~10°),前背角由大变小。高台子油层上部出现的 *Cypridea* 变化也很明显,由下到上背缘倾斜度由小增大,前背角由大变小。同样对含 *Lycopterocypris*, *Triangulicypris* 最多的高Ⅰ—葡Ⅰ$_{5-7}$层研究后,它们在纵向上的分布同样也是有规律的变化,由下到上前背缘倾斜度由大变小,前背角由小增大,呈周期性的变化。这种周期性的变化,周期间背缘倾斜度、背角大小变化差别较大,周期内彼此过渡(表6-3)。在地层分布上不同周期的种不共生,只是种内的变化是逐渐的,种间的变化比较显然,反映了从量变到质变的过程。它们之间的形态的相似性和规律性的变化,说明这些生物类型之间有着密切的亲缘关系。这种变化规律的间隔往往与地层沉积的界线是相吻合的。根据中等个体 *Cypridea*, *Lycopterocypris* 和 *Triangulicypris* 的系统演变规律,将高台子油层、葡萄花油层、萨尔图油层自下而上按砂岩组划分的14个层,建立了14个介形类化石带(表6-4)。

表6-3 *Cypridex* 背缘倾斜度和背角大小周期性变化统计表

周期	*Cypridea nota* - *C. fuyuensis*		*Cypridea panda* - *C. exonata*		*Cypridea favosa* - *C. formosa*		*Cypridea sunghu-ajiangensis C. dorsoangula*		*Cypridea squalida* *C. anonyma*	
演化阶段	*C. nota*	*C. fuyuensis*	*C. panda*	*C. exonata*	*C. favosa*	*C. formosa*	*C. sunghuajiangensis*	*C. dorsoangula*	*C. squalida*	*C. anonyma*

续表

周期	*Cypridea nota* – *C. fuyuensis*		*Cypridea panda* – *C. exonata*		*Cypridea favosa* – *C. formosa*		*Cypridea sunghu-ajiangensis C. dorsoangula*		*Cypridea sq-ualida C. anonyma*	
层位	高Ⅱ中部以下	高Ⅰ—高Ⅱ中部	葡Ⅰ$_4$	萨葡夹层萨Ⅲ$_{8-10}$	萨Ⅲ$_{1-7}$	萨Ⅱ$_{13-16}$	萨Ⅱ$_{4-9}$	萨Ⅱ$_{1-7}$	萨Ⅰ—萨Ⅱ夹层	萨Ⅰ
背缘倾斜度	6°~7°	8°~12°	5°~10°	10°~12°	7°~9°	8°~9°	8°~12°	14°~22°	4°	8°~10°
前背角	135°~146°	130°~139°	138°~141°	135°~139°	140°~143°	137°~140°	130°~136°	128°~133°	136°	130°~136°
长	1.3	1.5	0.95	1.31	1.55	1.05	1.2	1.2	1.5	1.5
高	0.9	0.85	0.65	0.72	0.95	0.7	0.76	0.86	0.85	0.9
厚	0.7	0.62	0.4	0.44	0.7	0.45	0.51	0.51	0.65	0.65

表 6-4 油层的细分层及其化石带

组	段	油层	油层细层	砂岩细层	化石带
嫩江组	嫩一段	萨尔图油层	萨零		
			萨Ⅰ		*Cypridea anonyma* （未名女星虫）
			萨Ⅰ、萨Ⅱ夹层		*Cypridea squalida* （粗糙女星虫）
姚家组	姚二、三段		萨Ⅱ	1~9	*Cypridea dorsoanguta* – *Cypridea sunghuajiangensis* （背角女星虫—松花江女星虫）
				10~12	
				13~16	*Cypridea formosa* （端正女星虫）
			萨Ⅲ	1~7	*Cypridea favosa* （蜂孔女星虫）
	姚一段		萨葡夹层	8~10	*Cypridea exornata* （外饰女星虫）
		葡萄花油层	葡Ⅰ	1~3	
青山口组	青二、三段			4	*Cypridea panda* （曲线女星虫）
				5~7	*Lycopterooypris subovatus* （亚卵形狼星虫）
			葡Ⅱ	1~3	*Triangulivypris fusiformis* （端尖三角星虫）
				4~10	*Triangulicypris veslilus* （有饰三角星虫）
		高台子油层	高Ⅰ	上	*Triangulicypris symmetrica* （对称三角星虫）
				下	*Cypridea fuyuensus* （扶余女星虫）
			高Ⅱ		
			高Ⅲ		*Cypridea vicina* （亲近女星虫）
			高Ⅳ		*Cypridea nota* （友谊女星虫）

(2)根据介形类的数量变化系列将高台子油层、葡萄花油层、萨尔图油层进行了细分层。本区的介形类由发生—发展—繁盛—衰退—绝灭的规律是很明显的,绝大部分介形类绝灭之前是繁盛阶段,但同一时期内不同的种相互伴生,不同种的繁盛—绝灭互不共生。根据这些种从下到上的盛衰变化规律应用于油层的细分层,其界线与根据岩性对油层的分层界线基本一致。如 *Triangulicypris torsuosus* var. *nota* 与 *Triangulicypris virgata* 至高$Ⅳ_3$层顶部绝灭,主要共生化石有:*Triangulicypris torsuosus*, *Cypridea bistyloformis* 等。*Cypridea bistyloformis* 到高$Ⅳ_2$层面部绝灭,主要共生化石有:*Cypridea perissopinosa* 等。*Cypridea perissopinosa* 到高$Ⅳ_1$层由繁盛到顶部绝灭,主要共生化石有:*Cypridea dekhoinensis* 等。均反映了不同种相互伴生,但繁盛—绝灭种互不共生的规律。又如 *Sunliavia tumida* 与 *Cypridea vicina* 在高Ⅲ非常繁盛,至顶部全部绝灭,共生化石有 *Ziziphocypris rugosa* 等。*Limnocypridea inflata* 在高$Ⅱ_8$层很繁盛,但至顶部也全部绝灭,共生化石有 *Cypridea edentula* 等。高台子油层从下到上介形类化石由繁盛—绝灭的规律性变化,结合中等个体 *Cypridea* 的演变系列,将高台子油层、葡萄花油层、萨尔图油层自下而上按砂岩组划分为 25 个层,建立了 25 个介形类化石带,而且绝大部分化石带可以有效地控制到按岩性划分的砂岩细层的分层界线。有部分化石带还可以与三肇地区、泰康地区的有关油层进行对比,对油层的细分层对比提供了古生物依据。大庆油田介形类化石垂向分布见表 6-5。

总之,大庆油田各油层介形类化石分布广,属种不多,数量发育,演化规律明显,介形类的发生—发展—繁盛—衰退—绝灭阶段与沉积环境的变化相一致。与油层的分层界线基本吻合。不仅对油层的细分对比有重要意义。同时生物的繁盛、衰退、绝灭反映了生物生活环境的变化,为研究沉积环境也提供了依据。

表 6-5 大庆油田介形类带化石垂直分布表

组	青山口组											姚家组														嫩江组	
段	青二、三段											姚一段				姚二、三段										嫩一组	
油层	高台子油层									葡萄花油层						萨尔图油层											
油层组	高IV			高III	高II			高I		葡II		葡I				萨III			萨II							萨I	萨零
小层	3	2	1		3	2	1	2	1	10-4	3-1	7-5	4	3-2	1	10-3	7-4	3-1	16-13	12-10	9-8	7-5	4	3-1	夹层		
Cypridea gunsulinensis																											
Cypridea anonyma																											
Cypridea squalida																											
Cypridea dorsoangula																											
Cypridea pusilla																											
Cypridea sunghuajiangensis																											
Cypridea aff. sunghuajiangensis																											
Cypridea formosa																											
Cypridea favisa																											
Cypridea tabulate																											
Cypridea exornat																											
Cypridea shanzhaoensis																											
Cypridea panda																											

续表

组	青山口组												姚家组													嫩江组	
段	青二、三段												姚一段			姚二、三段										嫩一组	
油层	高台子油层									葡萄花油层						萨尔图油层											
油层组	高Ⅳ			高Ⅲ	高Ⅱ			高Ⅰ		葡Ⅱ		葡Ⅰ				萨Ⅲ			萨Ⅱ							萨Ⅰ	萨零
小层	3	2	1		3	2	1	2	1	10-4	3-1	7-5	4	3-2	1	10-3	7-4	3-1	16-13	12-10	9-8	7-5	4	3-1	夹层		
Lycopterocypris subovatus																											
Triangulicypris fusiformis																											
Triangulicypris vestilus																											
Triangulicypris symmetrica																											
Cypridea fuyuensis																											
Lycopterocypris reniformis																											
Cypridea edentula																											
Limnocypridea inflata																											
Cypridea vicina																											
Santiavia tumida																											
Cypridea perissospinosa																											
Cypridea bisiyloformis																											
Triangulicypris torsuosus v.nota																											

三、孢粉化石对比

用孢子花粉的组合来划分和对比地层的根据是不同地史时期有不同的孢粉组合，而每一组合绝不会在其他地史时期内重复出现；同一地层中，孢粉组合是基本相同的。

目前孢粉化石的对比已大量用于含煤和含油地层，由于孢子具有坚硬的外壳，不易破坏，随风飘动，分布广泛，所以在对比一些不含大型化石的地层时有特殊意义。如华北油田利用藻类、孢粉化石组合对该区第三系地层进行了划分与对比。作法是：在一个已知地质时代的标准剖面地区建立标准孢粉化石组合剖面，然后将其他井剖面的孢粉分析成果与之对比，对比结果，孢粉组合带相同的属于同一地层。图 6－2 为渤海湾地区下第三系主要孢粉化石组合示意图。

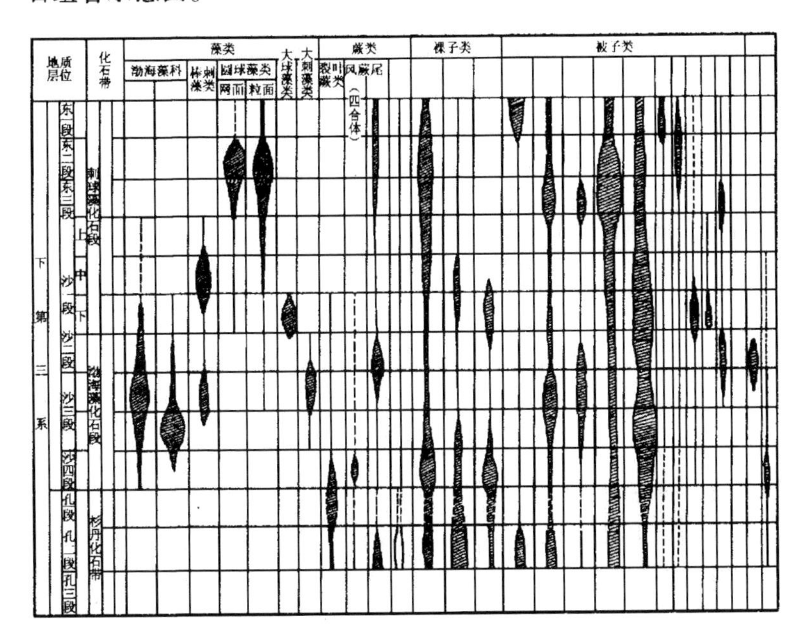

图 6－2　渤海湾地区下第三系藻类、孢粉化石组合示意图

四、泰康地区高台子油层粘土矿物的分层对比

通过对9口井岩心的系统观察和采样，分析粘土矿物样品585块，其中属高台子油层的330块。样品的分布情况如表6-6所示。全部样品都进行了X射线衍射分析，其中部分样品进行了差热分析、失重分析和电子显微镜分析。X射线衍射分析的条件是：铜靶，30kV，10mA，扫描范围：2θ，2.5～30°。样品用镁—甘油定向薄膜样品，每个样品用量为30mg。

表6-6 样品分布表

样品块数 层位 / 井号	嫩一段	姚家组	青二、三段(高台子油层)	青一段	泉四段	总计
杜201井		12	54			66
杜204井	8	22	17			47
杜205井	11	18	13			42
杜402井	13	21	41	9	6	90
杜420井	9		32			41
杜414井	11		51			62
杜406井	14	24	48			86
杜404井	8	34	21		12	75
塔4井	5	18	53			76
总计	79	149	330	9	18	585

通过对X射线衍射分析结果的定量研究，根据泥岩的高岭石含量，K/F 和 I/K 两个比值在纵向的变化规律，将高台子油层分成11个油层组，并根据粘土矿物成分与沉积环境的关系，对泰康地区高台子油层的沉积环境进行了分层讨论。

泰康地区高台子油层的顶界为姚一段的砂质岩，底界为青一段的黑色泥岩。在岩性和电性上，顶界和底界都比较清楚。在粘土矿物特征上，姚一段地层的泥岩中，高岭石含量往往是全井的最低值，而 K/F 和 I/K 两条曲线明显向左偏转，分别为全井的最小和最大值。而高台子油层顶部的泥岩中，高岭石含量明显升高，

K/F 和 *I/K* 曲线明显向右偏转，上述特征在分层界线上下变化十分明显。因此，高台子油层顶界是十分清楚的。高台子油层的底界因为多数井没有取心，所以有待以后研究。

泰康地区高台子油层总厚100～250m，主要由砂岩和泥岩组成，夹少量生物灰岩、白云岩。粘土矿物的细分层主要根据泥质岩中碎屑高岭石含量在纵向上的旋回性变化规律进行层组的划分和对比。

根据电子显微镜的研究结果，泰康地区高台子油层中的高岭石可以分为两种不同的成因：砂质岩的高岭石主要是自生的，而泥质岩的高岭石则是细粒陆源碎屑的一部分，很少受到自生作用的影响。因此，在母岩区成分基本不变的情况下，泥岩中高岭石含量的多少主要与古气候性质和沉积环境有关。古气候的性质直接影响原始碎屑物质化学风化作用的强度和沉积物（或土壤）中高岭石的原始丰度。因此，它对沉积物中高岭石含量多少的影响是通过不同区域或不同时代气候性质的变化而表现出来。现代沉积物中高岭石的丰度与气候分带性的密切关系是气候的区域性差异影响高岭石分布的最好例子。对于一个特定的盆地来说，气候对高岭石分布的影响，主要表现为在纵向上，由于不同时期古气候性质不同，泥岩中高岭石的含量也不同。松辽盆地高台子油层各沉积相带的泥岩，其高岭石含量相应地都要比葡萄花油层泥岩的高岭石含量高。这反映了不同沉积时期古气候性质的变化对高岭石含量纵向分布的影响。

沉积环境对碎屑高岭石分布的影响与古气候性质对高岭石分布的影响不同。沉积环境对高岭石分布的影响主要表现为按照不同环境下的特理化学条件对原始沉积物中的粘土矿物组分进行重新分配。例如高岭石往往在滨湖（海）相带中相对富集，从滨湖（海）向湖心或海的方向，高岭石含量明显地减少。因此，它对高岭石分布的影响是通过环境的物理化学条件在空间或时间的变化而表现出来。而引起沉积环境变化的因素是多方面的，如构造的、气候的等。对于陆相沉积盆地来说，古气候性质的改变往往直接影响湖盆的收缩和扩张，引起沉积环境和高岭石分布的变化。由于沉积过程中,沉积环境在空间和时间上的变化是十分明显的。因此,对于一定的区域或相带(如滨湖—浅湖)来说,介质的物理化学条件,特别是水动力条件的改变是影响高岭石在横向和纵向分布的主要因素。

泰康地区高台子油层泥岩中高岭石含量高低的纵向变化是十分明显的。根据沉积环境的分析,泥岩中高岭石含量在纵向的变化主要是由湖盆周期性的收缩和扩张引起的,当湖盆收缩时,湖水变浅,泥岩高岭石含量增高,反之则减少。

解剖泰康地区各井高岭石含量在纵向的变化规律,整个高台子油层可以分成5个沉积旋回,虽然每个旋回内高岭石的含量高低不同,但是,在每个旋回中、高岭石含量的纵向变化9口井有着共同的规律:在从上到下的第1～3个旋回中,每个旋回内部,泥岩中高岭石含量的变化都表现为旋回下部含量低,旋回上部含量高。正好与这些层的反旋回沉积特征一致。在第4～5旋回中,高岭石含量的纵向变化却与第1～3旋回相反,表现为旋回下部的泥岩中高岭石含量高,旋回上部的泥岩中高岭石含量低,即正旋回。

根据每个旋回中高岭石含量的变化、将高台子油层划分为11个油层组,各井、层高岭石含量的纵向变化及分层特征见表6-7。

表6-7 高岭石含量的纵向变化及分层特征表

旋回	分层	高岭石含量									旋回性质
		杜420井	杜402井	杜404井	杜414井	杜403井	杜205井	杜204井	杜201井	塔4井	
	Ⅰ1		高	高		高	高	高	高	高	
1	Ⅰ2	中	中	中	中	中	中	中	中	中	反旋回
	Ⅱ	低	低	低	低	低		低高	低	低	
2	Ⅲ	高	高	高	高	高		高	高	高	反旋回
	Ⅳ	低	低	低	低	低		低	低	低	
3	Ⅴ	高	高		高	高			高	高	反旋回
	Ⅵ	低	低		低	低			低	低	

续表

旋回	分层	高岭石含量									旋回性质
		杜420井	杜402井	杜404井	杜414井	杜403井	杜205井	杜204井	杜201井	塔4井	
4	Ⅶ	低	低		低				低	低	正旋回
	Ⅷ	高	高		高				高	高	
5	Ⅸ	低	低		低				低	低	正旋回
	Ⅹ	高	高		高				高	高	

注:杜402井高10层只分析顶部样品,下部无样品。

在分层对比中,除了用高岭石含量的纵向变化规律外,还采用了高岭石7.15Å反射峰强度与长石3.2Å反射峰强度的比值(K/F)和水云母10Å反射峰强度与高岭石7.15Å反射峰强度的比值(I/K)这样两个参数。如果把表示I/K比值大小的刻度值反过来表示,则K/F和I/K两条曲线在纵向上的变化规律是十分一致的,而且与高岭石含量的纵向变化规律也是一致的。

1.粘土矿物分层结果与古生物分层结果的对比

泰康地区高台子油层中生物化石十分丰富,尤其是介形类化石。常见的介形类化石有20多种,每种化石在纵向上的分布往往延续时间很长。根据对介形类化石的研究,认为采用种的灭绝时间进行地层对比效果较好,可以将高台子油层划分为8个化石带。表6-8表示各井介形虫标志化石带的出现层位和粘土矿物分层的关系。从表6-8中可见分析层位中介形虫化石十分发育,而且它们在纵向的分布规律与粘土矿物的分层有很好的对应关系。

表6-8 泰康地区高台子油层粘土矿物分层与介形虫标志化石带的关系

层号	化石分布									介形虫标志化石带
	杜420井	杜414井	杜402井	杜201井	塔4井	杜406井	杜204井	杜205井	杜404井	
$Ⅰ_1$			×	×	●	×	●	×	●	曲线女星虫—亚卵形狼星虫
$Ⅱ_2$	×	×	×	×	●	●	●	●	●	端尖三角星虫—小型狼星虫

续表

层号	化石分布									介形虫标志化石带
	杜420井	杜414井	杜402井	杜201井	塔4井	杜406井	杜204井	杜205井	杜404井	
Ⅱ	×	×	●	●	●	●	●	●	●	扶余女星虫—对称三角星虫
Ⅲ	●	×	●	●	●	●	×			大狼星虫—肾状狼星虫
Ⅳ	●	●	●	●	●	●	●			无齿女星虫—安达开通虫—角状湖女星虫—隆起湖女星虫
Ⅴ	●	●	●	●	●	●				亲近女星虫—松辽膨胀虫
Ⅵ	●	●	●	●	●	●				外凸三角星虫
Ⅶ	×	●	●		●					德惠女星虫—峰瘤女星虫—不规则刺状女星虫—外凸三角星虫友谊变种
Ⅷ	×	●	×	●						
Ⅸ	●	●	×	●	●					
Ⅹ	●	×	×		●					

注:●有化石,×无化石。

对杜410井、杜414井和杜416井介形虫化石的激光光谱分析结果表明,在不同的标志化石中,它们锶、钡、镁和硼的含量有明显的变化,说明介形虫标志化石的演变与湖水盐度的变化有密切关系,而内陆湖盆盐度的变化直接与古气候性质和沉积环境有关。由于介形虫化石带的纵向演变和高岭石含量的纵向变化都直接与沉积过程中古气候性质和沉积环境的变化有关,共同的影响因素,必然使它们的纵向演变之间存在某种内在的联系。正如粘土矿物分层结果与古生物分层结果的对比表明,两者的分层结果是完全一致的。几年来的实践说明,粘土矿物的分层结果往往可以作为古生物分层的补充和验证。例如,在杜402井井深1090m处(按粘土分层属高Ⅰ$_1$层)出现了对称三角星虫化石。从表面上看好像与粘土分层有矛盾。但是据鉴定化石的同志介绍,该处的化石与其他井高二组地层见到的对称三角星虫有很大的差异:它个体变小,前后也不大对称,但是仍保存有该化石特征的蜂孔,他们认为这是由于当时杜402井特殊的沉积环境造成化石的演变和延后。因此,我们认为这里粘土分析和古生物的分析结果不但没有矛盾而是互为补充。

2.粘土矿物分层结果与岩性、电性分层结果的对比

从表6-9可以看出:在9口井的59处分层界线中,有33处两者的分层结果是完全一致的。在有差异的29处分层界线中,其中大多数井深误差都是在3m以内,造成这种误差的原因主要是由于岩性电性的分层底界井深是根据电测深度确定的,而取样井深是直接由岩心丈量的,未经电测校正而引起的。

粘土矿物分层与岩性、电性分层井深误差在5m以上的层数只有5处,占全部分层界线的8.3%。而且这些误差都集中在杜414井和杜201井。我们认为这种误差可能是由于两种分层方法的差异而引起的。分下面两种情况:

(1)在杜414井,岩性、电性分层的高Ⅰ组底界井深为1159.0m,高Ⅱ组底界井深为1174.6m,分别比粘土矿物的分层底界井深高出10.8m和8.4m。但是上述两个分层界线恰分别与粘土矿物分层的高Ⅰ$_1$层和高Ⅰ$_2$层的底界深度完全一致。因此,实际情况是:两种分层方法都确认上述的处分层界线的存在,只是相当的层位不一致。

(2)杜201井的高Ⅱ组和高Ⅲ组的岩性、电性分层的底界井深分别为1401.6m和1430.4m,比粘土矿物分层低6.6m和8.2m。而高Ⅷ组的岩性电性分层井深为1540.8m,比粘土矿物分层井深高5.5m。但是与杜414井的情况不同,在上述三处岩性电性分层界线上下,粘土矿物高岭石含量的变化是稳定而连续的,没有明显的分层特征。因此,我们认为这种差异是由于两种分层方法的依据不同而产生的。

表 6-9 粘土矿物分层与岩性电性分层对比表

序号	分层方法	杜 420 井		杜 402 井		杜 404 井		杜 414 井		杜 406 井		杜 205 井		杜 204 井		杜 201 井		塔 4 井	
		井深 m	差值 m	井深 m	差值 m	井深 m	差值 m	井深 m	差值 m	井深 m	差值 m	井深 m	差值 m	井深 m	差值 m	井深 m	差值 m	井深 m	差值 m
I$_1$	粘土分层	1474.2		1187.9 ~ 1188.6		1195.5 ~ 1196.5	差值	1159		1271:2 ~ 1272.9	差值	1759.5 ~ 1768.0	差值	1445.7 ~ 1464.0	差值	1357.7 ~ 1364.9	差值	1247.45 ~ 1250.3	差值
	岩电分层																		
I$_2$	粘土分层	1079.0 ~ 1090.5	0	1095.2 ~ 1099.2	0	1204.3 ~ 1205	3.1	1170 ~ 1174.8	10.8	1279.6 ~ 1281.0	2.2	1781	0	1468.3 ~ 1474.2	0	1365 ~ 1366.2	0	1254 ~ 1259	3.6
	岩电分层	1082.8		1094.8		1201.2		1159.2		1277.4		1781.0		1469.0		1366.0		1250.4	
Ⅱ	粘土分层	1090.5 ~ 1098.9	0	1109.4 ~ 1112.1	0	1214.5 ~ 1220.5	0	1183 ~ 1193	8.4	1294 ~ 1299.2	0			1499.2 ~ 1503.8	0	1391.8 ~ 1395.0	−6.6	1273.5 ~ 1276.7	0
	岩电分层	1098.6		1110.6		1220.8		1174.6		1299.2		1813.4		1501.8		1401.6		1274.4	
Ⅲ	粘土分层	1106.4 ~ 1111.5	−1.5	1121.7 ~ 1125.5	0	1227 ~ 1228.7	0	1193 ~ 1195	3.2	1316.6 ~ 1323.0	0			1534.6 ~ 1547.5	0	1417.1 ~ 1422.2	−8.2	1294.8 ~ 1298.1	0
	岩电分层	1113.0		1124.4		1227.6		1189.8		1323.0				1534.6		1430.4		1297.6	
Ⅳ	粘土分层	1124.6 ~ 1130.2	−4.2	1137.6 ~ 1144.0	−2.0			1205.7 ~ 1216.8	0	1348.6 ~ 1350.6	0.6					1453.5 ~ 1458.3	−2.3	1321.1 ~ 1324.5	0
	岩电分层	1134.4		1146		1263		1212.6		1351.2				1574.8		1460.6		1323.4	

续表

序号	分层方法	杜420井		杜402井		杜404井		杜414井		杜406井		杜205井		杜204井		杜201井		塔4井	
		井深 m	差值 m	井深 m	差值 m	井深 m	差值 m	井深 m	差值 m	井深 m	差值 m	井深 m	差值 m	井深 m	差值 m	井深 m	差值 m	井深 m	差值 m
Ⅴ	粘土分层	1146.4～1158.3	−1.9	1100.35～1163.95	0			1228.5～1244.5	0	1374.2～1381.3	3.0					1484.3～1488.4	1.7	1343.6～1346.2	0
	岩电分层	1144.5		1160.6				1229.6		1371.2						1482.6		1344.2	
Ⅵ	粘土分层	1158.3～1162.2	0	1173.5～1178.2	0			1244.6～1249.0	0	1397.0	0.8					1505.8～1516	0	1361.4～1364.0	0
	岩电分层	1161.6		1176				1248.4		1396.2						1513		1362.6	
Ⅶ	粘土分层	1169.4～1174.4	0	1186.2～1189.6	0			1249～1262.0	0							1524.9～1518.4	0	1369.8～1372.8	0
	岩电分层	1169.8		1186.4				1256.8								1526.2		1372.6	
Ⅷ	粘土分层	1484.6～1185.6	0	1198.54～1201.97	0			1264.8～1270.6	0							1546.0～1550.2	5.2	1378.9～1380.5	4.9
	岩电分层	1485.6		1199.0				1270.2								1540.8		1385.4	
Ⅸ	粘土分层	1194.6～1200.4	0	1209.4～1213.0	0			1274.0～1286.6	0							1575.3～1584.2	1.9	1395.0～1397.15	−2.8
	岩电分层	1200.2		1212.2				1286								1573.4		1400.4	
Ⅹ	粘土分层							▽								▽		▽	
	岩电分层	1220.5		1229.0				1304.0								1605		1616.0	

属于同样情况的还有塔4井高Ⅷ组的底界。根据岩性、电性的研究,认为井深1379.3～1385.4m的一层黑色泥质岩,应该是第四反旋回的底界,即泥岩的底界是高Ⅷ组的底界。但是从粘土矿物特征看,该层泥岩的74,75,76号3块样品的粘土矿物成分与高Ⅸ组的77～80号4块样品的分析结果一致,其高岭石含量均为5%,而与上部泥岩有明显的差别。因此,根据粘土矿物特征,该层泥质岩层属高Ⅸ组,而高Ⅷ组的底界应划在该层泥岩的顶部。这样与岩性、电性的分层结果相差4.9m。

杜420井高Ⅳ组底界的情况也与上述相同。

通过粘土矿物分层结果与岩性、电性分层结果的对比表明,属于因方法不同引起较大误差的仅有上述7处。而绝大多数粘土矿物的分层与岩性、电性分层的结果一致。实践证明利用粘土矿物进行小层对比是可行的。

五、大庆油田(大庆长垣)地层油层划分对比实例

因为大庆油田(主要指大庆长垣上的)在油层对比(含小层对比)过程中,由于在所钻遇的地层剖面上自上而下,几乎每段地层都有不同程度的油、气显示,因此,在油层对比过程中,同时也将地层界限划分出,以便于进行油层对比。因此本书亦将本地区的地层对比实例列入书中。

1.大庆长垣上的地层划分

1)第四系(Q)

上部为粘土、亚粘土层,在2.5m视电阻率曲线上显示为低电阻;下部为砂砾层,在2.5m视电阻率曲线上显示为高电阻。底界与下伏地层呈不整合接触。其底界定在最下部的第一个高电阻尖峰的不整合面上(图6-3)。

本段地层砂层含气:南1—3—40井于1961年钻至井深163m,钻头泥包,起钻至井深51.39m(层位为第四系)抽喷,天然气喷至平台,造成井报废。

2)第三系(R)

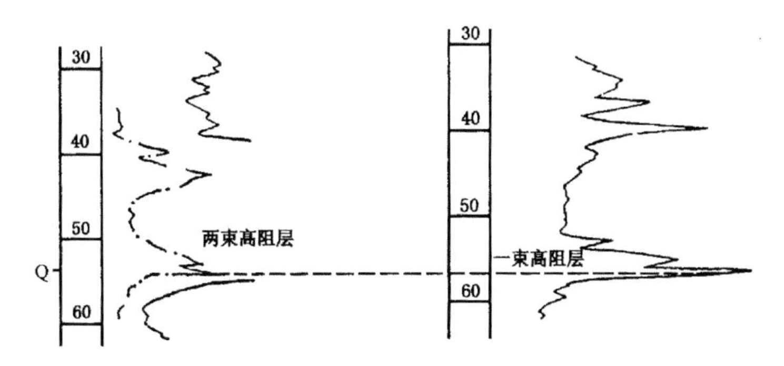

图 6-3　第四系厚度 50～65m，底界分于砂砾层呈现高电阻层最高峰处

第三系(R)为一套砂泥岩交互层，下部为砂砾岩，与下伏地层呈不整合接触(图 6-4)。第三系在大庆长垣上被剥蚀。

3)白垩系上统(K_2)

(1)明水组二段(K_2m_2)：本段地层在油田上出露不完整。与上覆地层呈不整合接触。下部砂岩与上部泥岩组成一个明显的正旋回，底界定在明水组一段两个正旋回泥岩结束后的第一个砂岩高电阻尖峰处(图 6-5)。

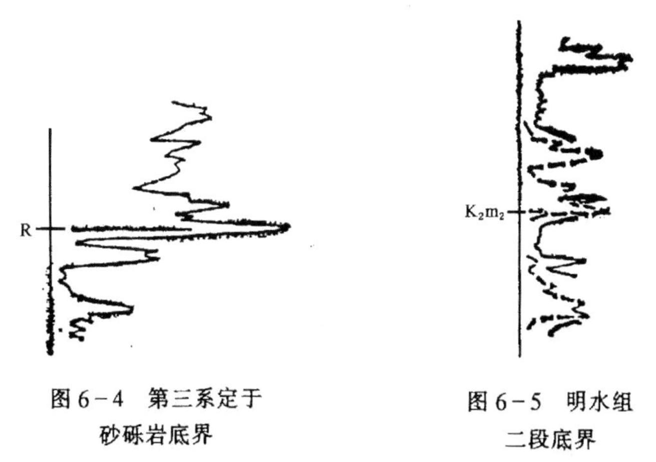

图 6-4　第三系定于砂砾岩底界

图 6-5　明水组二段底界

本段地层含气：杏 241 井钻至井深 552m 曾间歇井涌天然气，起钻至井深 405m 处井喷天然气，井架陷入地下，井报废。

(2)明水组一段(K_2m_1):本段自下而上由砂砾岩、细砂岩、粉砂岩和黑灰色泥岩组成两个正旋回。明水组一段底界定在最下部砂层底界。本段地层若出露完整,厚度为110m左右,沉积较稳定,是地层对比的标志层(图6-6)。

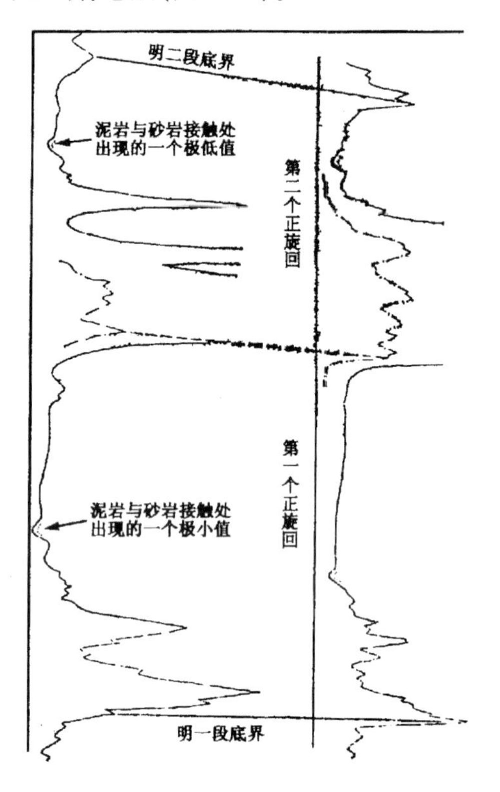

图6-6 明一段底界定于第一个正旋回砂层底部

本段地层含气:南1—3—35井钻至井深664m,起钻至井深610m,发生井喷天然气,井报废。

(3)四方台组(K_2s):本段地层主要为砂泥岩交互沉积,厚度变化较大,与下伏地层呈不整合接触。其底界定在砂岩底部(图6-7)。

本段地层含气。

4)白垩系下统(K_1)

(1)嫩江组五段(K_1n_5):本段上部为泥岩,中、下部为砂泥岩互层,在大庆油田上出露不完整。其底界定在泥岩低电阻值处(图6-8)。

(2)嫩江组四段(K_1n_4):本段为一套砂泥岩间互的多个正旋回沉积,电阻曲线呈锯齿状,岩性变化大,对比困难,但下部岩性比较稳定,并出现薄层钙质砂岩,可作为局部井的辅助对比标志,底界定在底部含螺蚌类化石层以下(图6-9)。

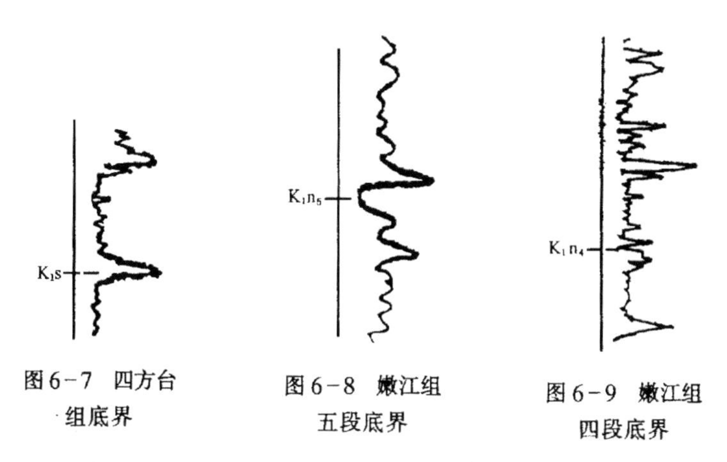

图6-7 四方台组底界

图6-8 嫩江组五段底界

图6-9 嫩江组四段底界

本段地层含气,在喇、萨、杏等油田钻井过程中,很多井钻至本段地层,曾多次发生井喷天然气,造成井架陷入地下,井报废。

(3)嫩江组三段(K_1n_3):本段是泥岩与砂岩所组成的3个反旋回沉积,自下而上,电阻曲线均显示为由低平而逐渐起伏,呈一斜坡状。

本段底部在2.5m视电阻率曲线上显示两个稳定小凸起,嫩江组第二段上部分砂岩组显示为箱状陡坎,嫩三段的底界定在它们之间相对应的电阻低值处。在西部,嫩江组第二段粉砂岩相变为泥岩,对比困难时,可用嫩三段下部反旋回40m稳定的“~”形电阻作为辅助标志,准确划定嫩三段的底界(图6-10)。本段地顶部砂层在个别油田形成工业性气藏。

(4)嫩江组二段(K_1n_2):本段为一套以黑色泥岩为主的反旋回沉积,电阻显示低平至顶部约40m处出现箱状中低值电阻(粉砂岩)。底部出现全盆地均稳定的油页岩标准层,因而底界定在自上而下油页岩的第一高电阻尖峰上(图6-11)。

(5)嫩江组一段(K_1n_1):

①萨零组为一组粉砂岩、泥岩间互沉积。电阻、自然电位显示都明显,顶界定在标准层以下约40m含介形虫泥岩结束,电阻开始升高处。底界定在萨一组上部三个黑色泥岩稳定小包开始。自上而下,最后一个砂岩电阻尖峰上(图6-12)。

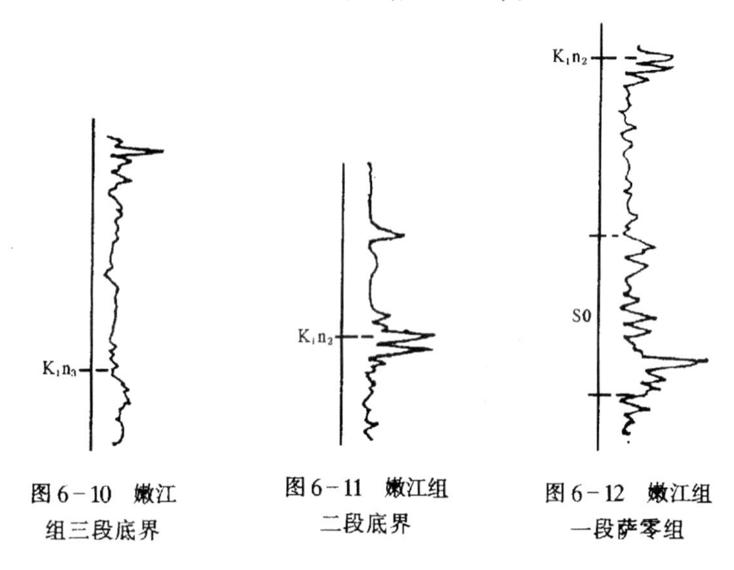

图6-10 嫩江组三段底界

图6-11 嫩江组二段底界

图6-12 嫩江组一段萨零组

②萨Ⅰ组为砂泥岩互层,由于砂岩含油,在电性显示上为一组锯齿状高峰,上、下被三段厚度不等的泥岩所夹,易于划分,其顶界划分在电阻开始增高的最低点,底界定在这一组砂岩结束的最后一个钙质电阻尖峰上(图6-13)。

③萨Ⅰ组与萨Ⅱ组夹层,为一段黑色泥岩,电阻显示为低值(图6-13)。

(6)姚家组二、三段(K_1y_{2+3}):

①萨Ⅱ组顶界定在"U"字形钙质层底,电阻低值处,是一套渗透性良好,包含两大套层的含油岩层($SⅡ_{1-9}$,$SⅡ_{10-16}$),为两个旋回沉积,一般在2.5m视电阻率曲线上能与萨Ⅲ组正旋回分开。底界定在此旋回的第一个电阻尖峰上,当下部一套砂岩($SⅡ_{10-16}$)岩性变好不易划分时,可用被稳定底部泥岩隔开的($SⅡ_{7-9}$)砂岩组作为辅助标志,帮助准确定出底界(图6-14)。

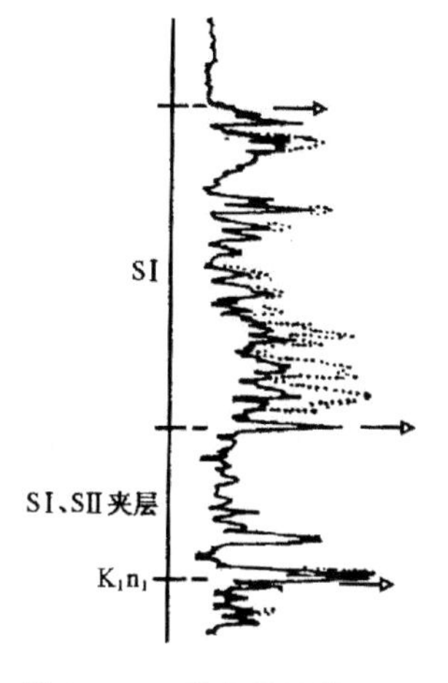

图6-13 萨Ⅰ组及萨Ⅰ组与萨Ⅱ组夹层底界

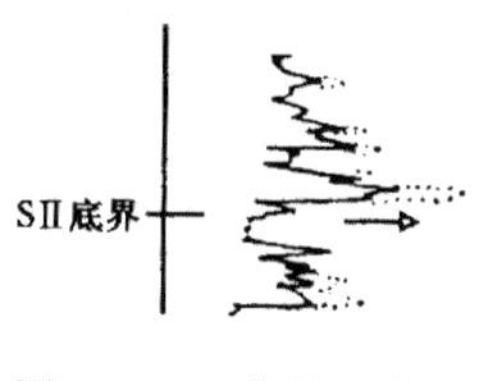

图6-14 萨Ⅲ组底界

②萨Ⅲ组是一组中渗透性的砂泥岩含油岩层,为两个砂岩组,中间有稳定泥岩隔开。底界定在底部钙质粉砂岩的电阻尖峰上(图6-15)。

(7)姚一段(K_1y_1):

①萨葡夹层是一套呈薄互层的砂泥层,底界定在薄互层底部的泥岩处(图6-15)。

②葡Ⅰ组的葡$Ⅰ_{1-3}$层的砂质岩的粒级和砂质的发育情况都是整个剖面中最粗最好的一个层,是连续分布的中粒砂岩,底界定在下面的冲刷面上(图6-16)。

(8)青山口组:青二、三段。

①葡Ⅰ$_4$经受剥蚀保留不完整二级旋回的一部分,为一套粉细砂岩薄互层组合,葡Ⅰ$_{5-7}$砂岩组顶底为钙质层,底界定在砂岩组底部钙质层尖峰上(图6-17)。

②葡Ⅱ组:是一组薄层砂泥岩间互沉积,底部有1～2m的黑色泥岩,电阻显示为低凹值,定为葡Ⅱ底的界线(图6-18)。

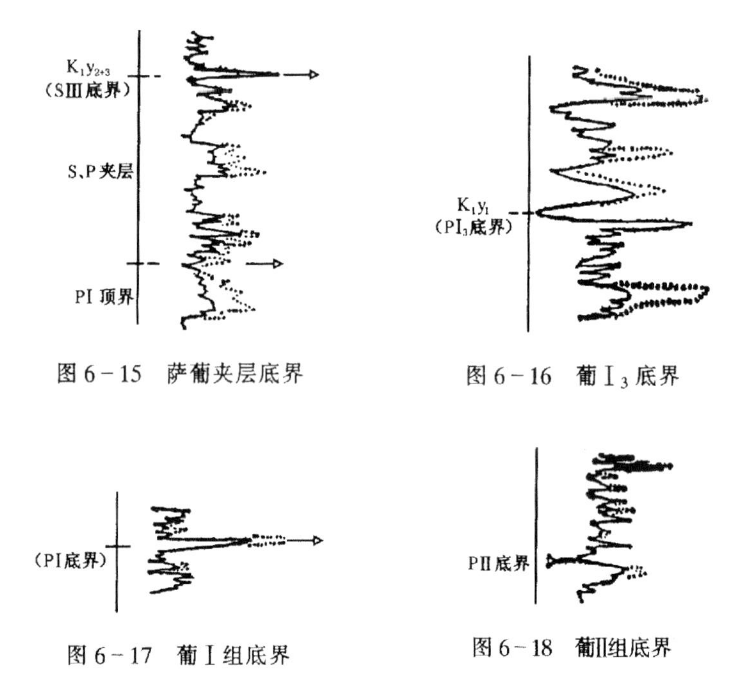

图6-15　萨葡夹层底界

图6-16　葡Ⅰ$_3$底界

图6-17　葡Ⅰ组底界

图6-18　葡Ⅱ组底界

③高Ⅰ组:是一套砂泥岩间互沉积,上部油层发育,底部为黑色泥岩夹一薄层介形虫钙质粉砂岩。在电阻曲线上为一明显锥状尖峰定为底界(图6-19)。

④高Ⅱ组:是一套砂岩间互沉积,钙质层较多,底部是五层黑色,灰黑色泥岩夹4组介形虫钙质粉砂岩,底界定在最底部的泥岩处(图6-20)。

⑤高Ⅲ组:岩性比高Ⅱ组较粗,底界为黑色泥岩,电阻为一明

显低阻凹定为底界(图 6－21)。

⑥高Ⅳ组:岩性与高Ⅱ组相近,底界电阻曲线为稳定的高峰,向下为低电阻,底界定在低凹值上(图 6－22)。

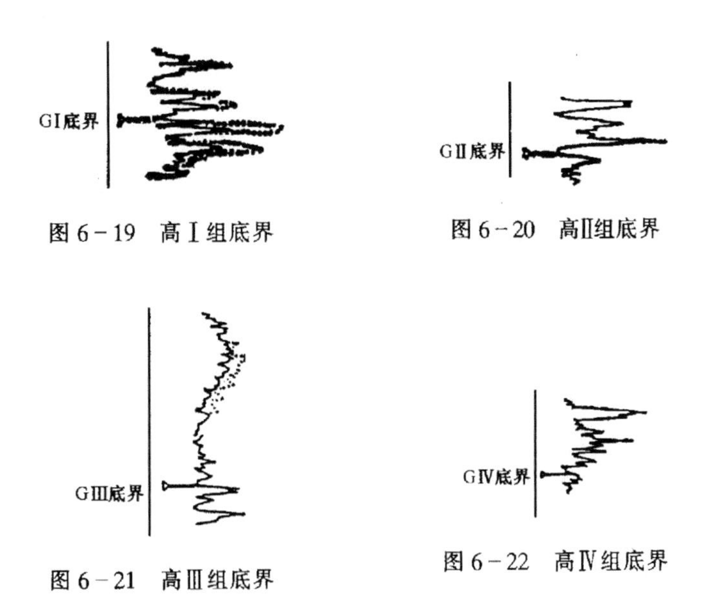

图 6－19　高Ⅰ组底界

图 6－20　高Ⅱ组底界

图 6－21　高Ⅲ组底界

图 6－22　高Ⅳ组底界

2. 大庆油田油层对比操作要点

1)对比井的选择原则

选择该井周围相近的井,不重复,不漏对,不跨井。

2)对比分层

采用“旋回对比,分级控制”的对比方法。严格按照标准层控制下的层位相当,曲线形态相似,厚度大致相等的方法来确定油层组、砂岩组及小层界线。

在图上用“0”表示砂岩组界线,用“↑”或“↓”表示油层组界线,而小层则用“.”表示,标示符号的位置均在微电极曲线左侧 1cm 处,在紧靠砂岩层的左侧占 0.5cm 的位置标出小层层号。钻遇断层的井,首先落实层组界线,然后仔细确定断点,断点处必须标记断点深度,相当井号及井段、断失层位、断距。

3)造表

填写纵横向对比表，连通则写层号，不连通写“0”，并根据断层关系标示隔开符号，断失层位用“断失”表示。

根据各区的油层对比，自上而下将各油层组又划分出若干个单油层(小层)，详见表6-10。

大庆油田的主力油层——萨尔图、葡萄花、高台子油层中，有几十个标准层、标志层，大多分布于一、二、三级沉积旋回的分界附近。按标准层的稳定程度分为一级标准层和二级标准层(表6-11)，供在对比过程中运用。

大庆油田在平面上自北向南分布的喇嘛甸油田、萨尔图油田、杏树岗油田、高台子油田、葡萄花油田、敖包塔油田，和在纵向上每个油田自上而下分布的萨尔图油层(SⅠ,SⅡ,SⅢ组)、葡萄花油层(PⅠ,PⅡ组)、高台子油层(GⅠ,GⅡ,GⅢ,GⅣ组)，自北向南各油层组分布图(图6—23)可以看出各油层组自北向南油层沉积发育情况。

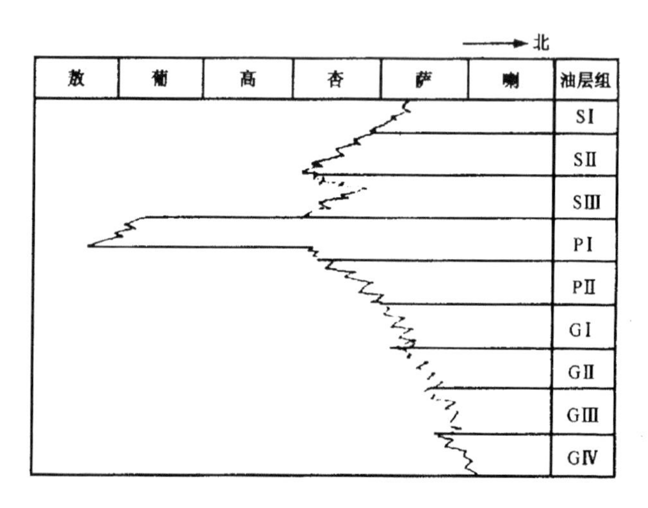

图6-23　大庆长垣各油田油层分布示意图

表6－10 大庆油田各地区各油层组单油层(小层)层号对应关系

油层组	砂岩组	喇嘛甸	萨尔图			杏树岗		太平屯	高台子	葡北	葡南及敖包塔	宋芳屯	模范屯	升平
			萨北	萨中	萨南	杏北	杏南							
萨一组	1－5	1	1	1	1	岩性尖灭								
		2	2	2	2									
		3	3	3	3									
		4＋5	4＋5	4＋5	4＋5									
萨二组	1－3	1＋2	1＋2	1	1	1	1							
		2＋3	2＋3	2	2_1	2	2							
				3	$2_2＋3$	3	3							
						4	4							
	4－6	4	4	4	4	5	5							
		5＋8	5＋6	5＋8	5＋6	8	岩性尖灭							
	7－9	7＋8	7＋8	7	7	7	7							
				8	8	8	8							
						9	9							
		9	9	9	9	10	10							

续表

油层组	砂岩组	喇嘛甸	萨尔图			杏树岗		太平屯	高台子	葡北	葡南及敖包塔	宋芳屯	模范屯	升平
			萨北	萨中	萨南	杏北	杏南							
萨二组	10－12	10＋11	10＋11	10	10	11	11							
				11	11	12	12							
		12	12	12	12	13	13							
	13＋14	13＋14	13＋14	13	13	14	14							
				14	14	15	15							
	15＋16	15＋16	15＋16	15＋16	15	16	16							
					16									
萨三组	1－3	1＋2	1	1	1	1	1							
			2	2	2	2	2							
		3	3＋4	3	3	3	3							
	4－7	4－7		4	4	4	4							
			5＋8	5＋6	5	5	5							
					6	6	6							
			7	7	7	7	7							

续表

<table>
<tr><th rowspan="2">油层组</th><th rowspan="2">砂岩组</th><th rowspan="2">喇嘛甸</th><th colspan="3">萨尔图</th><th colspan="2">杏树岗</th><th rowspan="2">太平屯</th><th rowspan="2">高台子</th><th rowspan="2">葡北</th><th rowspan="2">葡南及敖包塔</th><th rowspan="2">宋芳屯</th><th rowspan="2">模范屯</th><th rowspan="2">升平</th></tr>
<tr><th>萨北</th><th>萨中</th><th>萨南</th><th>杏北</th><th>杏南</th></tr>
<tr><td rowspan="4">萨三组</td><td rowspan="4">8－10</td><td>8</td><td>8</td><td>8</td><td>8</td><td>8</td><td>8</td><td rowspan="4" colspan="7"></td></tr>
<tr><td rowspan="3">9＋10</td><td>9</td><td>9</td><td>9</td><td>9</td><td rowspan="2">9＋10</td></tr>
<tr><td rowspan="2">10</td><td rowspan="2">10</td><td rowspan="2">10</td><td>10</td></tr>
<tr><td>11</td><td>11</td></tr>
<tr><td rowspan="11">葡一组</td><td rowspan="5">1－2</td><td rowspan="2">1</td><td rowspan="2">1</td><td rowspan="2">1</td><td rowspan="2">1</td><td rowspan="2">1</td><td>1_1</td><td>1_1</td><td>1_1</td><td>1</td><td>1</td><td>1</td><td>1</td><td>1</td></tr>
<tr><td>1_2</td><td>2_1</td><td>2_1</td><td>2</td><td>2</td><td>2</td><td>2</td><td>2</td></tr>
<tr><td>2</td><td>2</td><td>2</td><td>2</td><td>2</td><td>2_1</td><td>3</td><td>3</td><td>3</td><td>3</td><td>3</td><td>3</td><td>3</td></tr>
<tr><td rowspan="2" colspan="4"></td><td rowspan="2">2_2</td><td rowspan="2">2_2</td><td>4</td><td>4</td><td>4</td><td>4</td><td rowspan="2">4</td><td rowspan="2">4</td><td>4_1</td></tr>
<tr><td>5</td><td>5</td><td>5</td><td>5</td><td>4_2</td></tr>
<tr><td rowspan="6">3</td><td rowspan="2" colspan="5">地层缺失</td><td rowspan="2">3_1</td><td>6</td><td>6</td><td>6</td><td>6</td><td>5</td><td>5</td><td>5</td></tr>
<tr><td>7</td><td>7</td><td>7</td><td>7</td><td>6</td><td>6</td><td>6</td></tr>
<tr><td rowspan="2" colspan="4"></td><td rowspan="2">3_2</td><td rowspan="2">3_2</td><td>8</td><td>8</td><td>8</td><td>8</td><td>7</td><td>7</td><td>7</td></tr>
<tr><td>9</td><td>9</td><td>9</td><td>9</td><td>8</td><td>8</td><td>8</td></tr>
<tr><td rowspan="2" colspan="4"></td><td rowspan="2">3_3</td><td rowspan="2">3_3</td><td>10</td><td>10</td><td>10</td><td>10</td><td rowspan="2">9</td><td rowspan="2">9</td><td rowspan="2">9</td></tr>
<tr><td>11</td><td>11</td><td>11</td><td>11</td></tr>
</table>

续表

油层组	砂岩组	喇嘛甸	萨尔图			杏树岗		太平屯	高台子	葡北	葡南及敖包塔	宋芳屯	模范屯	升平
			萨北	萨中	萨南	杏北	杏南							
葡一组	4					4_1	4_1							
			3	3	3	4_2	4_2							
		4	4	4	4									
	5 − 7	5 + 8	5 + 6	5	$5+6_1$	5	5							
						6	6							
				6	6_2	7	岩性尖灭							
		7	7	7	7	8								
葡二组	1 − 3		1	1	1	1	1							
			2	2	2	2	2							
						3	3							
		3	3	3	3	4	4							
	4 − 6	4	4 + 5	4	4	5								
		5 + 6		5	5	6								
			6	6	6	7								

续表

油层组	砂岩组	喇嘛甸	萨尔图			杏树岗		太平屯	高台子	葡北	葡南及敖包塔	宋芳屯	模范屯	升平
			萨北	萨中	萨南	杏北	杏南							
葡二组	7－9	7－9	7	7	7	8								
			8＋9	8	8	9								
				9	9	10								
	10	10	10	10	10	11								
						12								
高一组	1－5	1	1	1	1	1								
		2＋3	2＋3	2＋3	2	2								
					3	3								
		4＋5	4＋5	4＋5	4＋5	4＋5								
	6－9	6＋7	6＋7	6＋7	6＋7	6＋7								
		8	8	8	8	8								
		9	9	9	9	9								
	10－13	10	10	10	10	10_1								
						10_2								
		11＋12	11＋12	11	11	11								
				12	12	12								
		13	13	13	13	13								

续表

油层组	砂岩组	喇嘛甸	萨尔图			杏树岗		太平屯	高台子	葡北	葡南及敖包塔	宋芳屯	模范屯	升平
			萨北	萨中	萨南	杏北	杏南							
高一组	14－17	14＋15	14＋15	14	14	14								
				15	15	15								
		16	16	16	16＋17	16＋17								
		17	17	17										
	18－20	18	18	18	18＋19	18＋19								
		19	19	19										
		20	20	20	20	20								
高二组	1－3	1＋2	1＋2	1	1									
				2	2									
		3	3	3	3									
	4－8	4	4	4	4									
		5	5＋6	5	5									
		6		6	6									
	7－9	7	7	7	7									
		8	8	8	8＋9									
		9	9	9										

续表

油层组	砂岩组	喇嘛甸	萨尔图			杏树岗		太平屯	高台子	葡北	葡南及敖包塔	宋芳屯	模范屯	升平
			萨北	萨中	萨南	杏北	杏南							
高二组	10－14	10	10	10	10＋11									
		11	11	11										
		12	12＋13	12	12									
		13		13	13									
		14	14	14	14									
	15－18	15	15	15	15									
		16	16	16	16									
		17	17	17	17									
		18	18	18	18									
	19－22	19	19	19	19									
		20	20	20	20									
		21	21＋22	21	21									
		22		22	22									
	23－28	23	23	23	23＋24									
		24＋25	24	24										
			25	25	25									
		26	26	26	26									
		27	27	27	27									
		28	28	28	28									

续表

油层组	砂岩组	喇嘛甸	萨尔图			杏树岗		太平屯	高台子	葡北	葡南及敖包塔	宋芳屯	模范屯	升平
			萨北	萨中	萨南	杏北	杏南							
高二组	29－30	29	29	29	29									
		30	30	30	30									
	31－34	31	31	31	31									
		32	32	32	32									
		33	33	33	33									
		34	34	34	34									
高三组	1－5	1	1	1	1									
		2	2	2	2									
		3	3	3	3									
		4	4＋5	4	4									
		5		5	5									
	6－9	6	6＋7	6	6									
		7		7	7									
		8	8＋9	8	8									
		9		9	9									

续表

油层组	砂岩组	喇嘛甸	萨尔图			杏树岗		太平屯	高台子	葡北	葡南及敖包塔	宋芳屯	模范屯	升平
			萨北	萨中	萨南	杏北	杏南							
高三组	10－12	10	10	10	10									
		11	11	11	11									
		12	12	12	12									
	13－16	13＋14	13＋14	13	13									
				14	14									
		15	15	15	15									
		16	16	16	16									
	17－19	17	17	17	17									
		18	18	18	18									
		19	19	19	19									
	20－23	20＋21	20＋21	20	20＋21									
				21										
		22	22	22	22									
		23	23	23	23									

续表

油层组	砂岩组	喇嘛甸	萨尔图			杏树岗		太平屯	高台子	葡北	葡南及敖包塔	宋芳屯	模范屯	升平
			萨北	萨中	萨南	杏北	杏南							
高四组	1－3			1	1									
				2	2									
				3	3									
	4－6			4	4									
				5	5									
				6	6									
	7－9			7	7									
				8	8									
				9	9									
	10－12			10	10									
				11	11									
				12	12									
	13－15			13	13									
				14	14									
				15	15									
	16－18			16	16									
				17	17									
				18	18									

表 6-11　大庆油田各油层组一、二级标准层层位表

油层组＼层位	一级标准层层位	二级标准层层位
萨 零 组	S0—SⅠ夹层	
萨 一 组	SⅠ—SⅡ夹层	SⅠ:1—2 夹层
萨 二 组		SⅡ:3,5+6 的底部，10 顶泥岩
萨 三 组	SⅢ7—萨、葡夹层	$SⅢ_2$ 底钙，3 下部钙层，5+6 中钙
葡 一 组	PⅠ:5,7	PⅠ:4 顶部
葡 二 组	PⅡ10 底—GⅠ项	PⅡ:2 底部，3—4 夹层，9 底部
高 一 组	GⅠ:5,9,13,20 的底部	GⅠ:17 的底钙
高 二 组	GⅡ:3—4,6,9,14,18—19,22,27—28,31—34	GⅡ:16
高 三 组	GⅢ:3,5,9,16 GⅢ底—GⅣ顶	GⅢ:19
高 四 组	GⅣ3,6,10,15,18	GⅣ:12

六、河流砂体储层的小层对比

储层的正确分层是揭露其层间非均质性和认识单个含油砂体宏观、微观非均质性的基础。奇列克(Chierici,1985)在展望 2000 年油藏工程的发展时，把储层分层列为 4 个主要技术问题之一。正确的分层基础则是正确的油层对比。油层对比单元愈小，愈能符合油层客观实际地揭露其非均质性。实际上，一个油田的小层对比精细程度(即单元大小和对比可信度)，本身就是对油层认识程度的反映。因此，储层的小层对比就必然成为开发地质工作中的一项极为重要的基础技术。

河流沉积由于其冲积环境的特殊性，常常在数百米层段中只

是单调地由河道和泛滥平原沉积间相互交替成层，即使在一个数千平方米的油田或开发区范围内，也很难找到一个标准层可供内部控制对比的标志，本身大套沉积的对比往往也需依靠其上覆与下伏的其他环境的沉积加以控制。1981 年第二届国际河流沉积会议上把河流沉积的对比列为尚未解决的一项技术，也提出了一些潜在的有前景的解决方法。

我国陆相含油气盆地中河流砂体储层占有相当重要的地位，河流沉积砂体的小层对比技术，也因此一直是我国开发地质工作者重点攻关内容之一，特别是东部上第三系油田的大量开发(如最近投入开发的孤东油田，以馆陶组数百米河流砂体为油层主体)，这一问题更为突出。20 多年的实践，我们可以说已积累了一定的经验，也已为这类油田注水开发提供了较为可靠的地质基础。但仍应看到，至今还没有完满地解决这一技术难关，特别是油田早期评价阶段，还有相当的盲目性。现已开发的油田对这类储层的小层对比，多数是投入开发以后，在密井网下，通过静态与动态分析结合，在不断调整中逐步加深认识的。

1. 标准层

与一般地层对比一样，寻找对比标准层仍然是小层对比中的关键。数百米河流沉积层段内能发现一、二个标准层，可以起到重要的控制作用。正如实际工作同志常说的，“中间卡一刀”作用比顶、底标准层意义大。常用的标准层是一些化石层、稳定泥质岩层和特殊岩性层，它们不仅在剖面上岩性特殊、平面上分布稳定，而且还必须在测井曲线上易于识别，这样在小层对比中才能起到等时控制的标准层作用。然而这些岩层却往往只在湖(海)相沉积中才比较发育。河流沉积小层对比之所以困难，最重要原因之一，就是由于缺乏符合上述两个条件的标准层。

但是绝不能说河流沉积中不可能找到标准层。我国一些河流沉积储层实例中，也曾发现过这类标准层，在小层对比中起到了重要作用。如孤岛油田馆陶组中的螺化石层，老君庙油田 L—M 层中的钙质结核层。标准层是客观地、相对地存在的，问题是怎样在河流沉积中根据其特殊沉积条件和油田开发的特殊要求(小范围内详细对比)去发现标准层。近代河流沉积研究的新发展,为我们提供了一些思路和途径。

1)利用地质历史演化的“事件性”

近年来,“灾变论”以新的面貌在地质学中得到复苏,沉积过程中的“事件性”也已成为沉积学中的常识。小层(地层)对比中的标准层,正是这种突然的地质(沉积)事件在该沉积层中的反映。化石层就是典型代表之一。河流沉积环境中不是没有生物繁衍,如淡水螺蚌化石及其碎片在我国东部新生代河流沉积中常有发现。但是要单纯依靠化石层本身形成对比标准层,却受到很多因素局限。其一,由于河流环境不利于化石保存的条件——强氧化、长期暴露,发生土壤化以及侧向上相变剧烈等等,这类化石层(或产状)多数分布范围很小,确实不能作为标准层。其次,即使在多数取心探井中都有发现,而且层位也大致相当,但单纯依靠化石层本身又难以肯定是否确属“同时沉积”,作为对比标准层把握不大。尤其是早期评价阶段,这一问题更为突出。其三,通过化石鉴定等工作,即使在取心井中也能肯定该化石层可以作为一个标准层,但由于层薄(往往数厘米到数十厘米)、层少(往往在上下邻近井段中只出现一个层),不以层组产状出现,而测井曲线上往往响应不明显,或只能以“钙质层”的响应表现,与河流沉积剖面中常见的成岩钙质层很难区别,丧失了标准层的作用。

应用“事件性”的观点,在河流沉积中寻找这类化石标准层,成功率就可能大一些。有相当稳定分布范围的这类化石层,必定是较大的地质(沉积)事件突发时的产物。这样,这种“事件”在其上下地层中也必然有所反映,即事件前后从沉积环境到沉积物的某些特性,总会出现相对地较为明显的变化。如沉积、沉降速率变化和古气候的变化,反映在古土壤成熟度的变化和河道砂体密度(剖面上出现的频率);构造活动的强度以及碎屑物的矿物性质和供应量的变化,反映在河型、河流规模的变化,等等。综合这些沉积现象的演化,在发生较大沉积事件的转折处出现的化石层(或特殊岩类层),就可以判定为在较大范围内可以采用的对比标准层。

同样,这一线索,也可用以解决测井曲线上识别和对比这类标准层的困难。上述突发性地质(沉积)事件前后出现的变化,表现在河流沉积物特性的变化,如:河道砂体粒度的粗细,剖面上砂、泥岩比例(即反映河道砂体密度),单一河道沉积完整层序的一般厚度(即反映古河流的总体规模,注意不是单砂层厚度),泥质岩类和过渡岩类的含泥量(可能反映泛溢沉积的古土壤化程度),主砂体的韵律性(反映河型的变化),岩矿组成,河道砂体所含有地层水的矿化度等等。这些沉积特性都可能在某些测井曲线上得到直接响应或综合响应,只要上述某一沉积现象或几种现象在测井曲线上出现可辨别的响应,就可能用以指示目的标准层的层位,克服对比中的困难。

这里,有两点需要特别提出。第一,应用测井曲线寻找突发性地质(沉积)事件的"时—空"位置时,应当应用多种测井信息综合对比,即尽可能地利用全部测井信息,去寻找最能反映事件前后变化的测井信息用于对比。只有当达到一定井网密度,已基本掌握油层变化规律时,才能选取本区的简化的"标准曲线"组合,用于实际的对比工作。第二,由于河流沉积物侧向相变剧烈,应用测井曲线上所反映的事件前后大段沉积物特性的变化,是小层对比中寻找"标准层"的重要指示,但不能作为具体层界用以直接对比。

最近投入开发的孤东油田上馆陶组油层就是一个很好的实例。

孤东油田上馆陶组为一套厚250~300m的曲流河沉积,河道砂体在剖面上密度为30%左右,侧向相变剧烈。取心井都在中部发现一层厚30cm左右的螺化石层,从多数取心井产出层位看,属同一螺化石层,可作为对比标准层。但测井曲线有时显示为高电阻率的"钙质层"响应,有时无显示,与其他成岩钙质层难以区别。在统观化石层上下河流沉积物的特性(表6-12)后,则可肯定这一螺化石层正是沉积环境发生较大变化的转折事件的产物。

表 6－12　孤东油田上馆陶组螺化石层上下河流沉积物特性对比表

项　目	下部(化石层沉积前)	上部(化石层沉积后)
河道砂体密度	大	小
砂体侧向连通性	好,多边型为主	差,孤立型为主
泛滥平原沉积物的沉积构造	多见小波痕交错层理粉砂岩、微细水平层理粉砂质泥岩,微细层理常常由云母片、碳屑富集显示	多块状结构、质纯泥岩,很少见具微细层理的粉砂质岩
泛滥平原泥岩颜色	灰绿色杂红色	紫红色杂桔黄色
痕迹化石	发育	不发育
河道砂沉积韵律	带“底座”正韵律	规则正韵律
河型判别	低弯度	高弯度

从表 6－12 所列沉积特征对比,可以看出化石层上下河流沉积环境有相对较大的变化:下部属沉积速率比沉降速率相对较大,古土壤成熟度较低,碎屑物供应较充分的低弯度曲流河沉积;上部为沉积速率比沉降速率相对较小,因而古土壤成熟度较高(含水和无水氧化铁多,纯泥岩多,层理构造极不发育),粗碎屑物供应较少的高弯度曲流河沉积。这样可以断定这一螺化石层为一突变沉积事件的产物,可以作为对比标准层。上下两段河流沉积上述岩性及结构构造特征,在一些测井曲线的组合特征上,也有明显不同的响应。如图 6－24 为声波时差与自然伽马的响应组合,化石层上下不同的斜率说明相同声波时差背景下自然伽马值有明显的差别,也就可能用以指示标准层所在(图 6－25)。

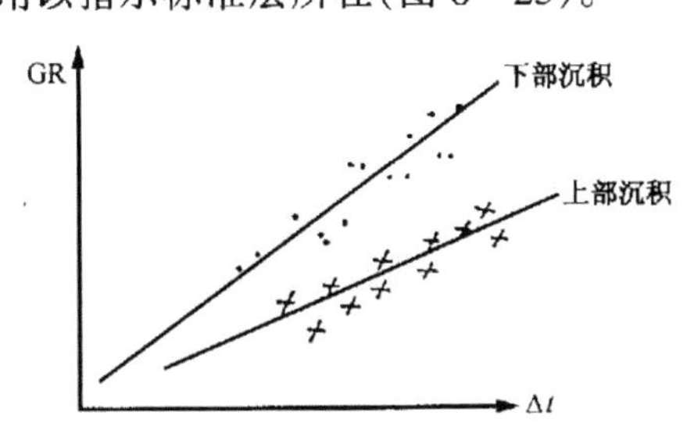

图 6－24　孤东油田上馆陶组标准层上、下自然伽马(GR)与声波时差(Δt)响应特征

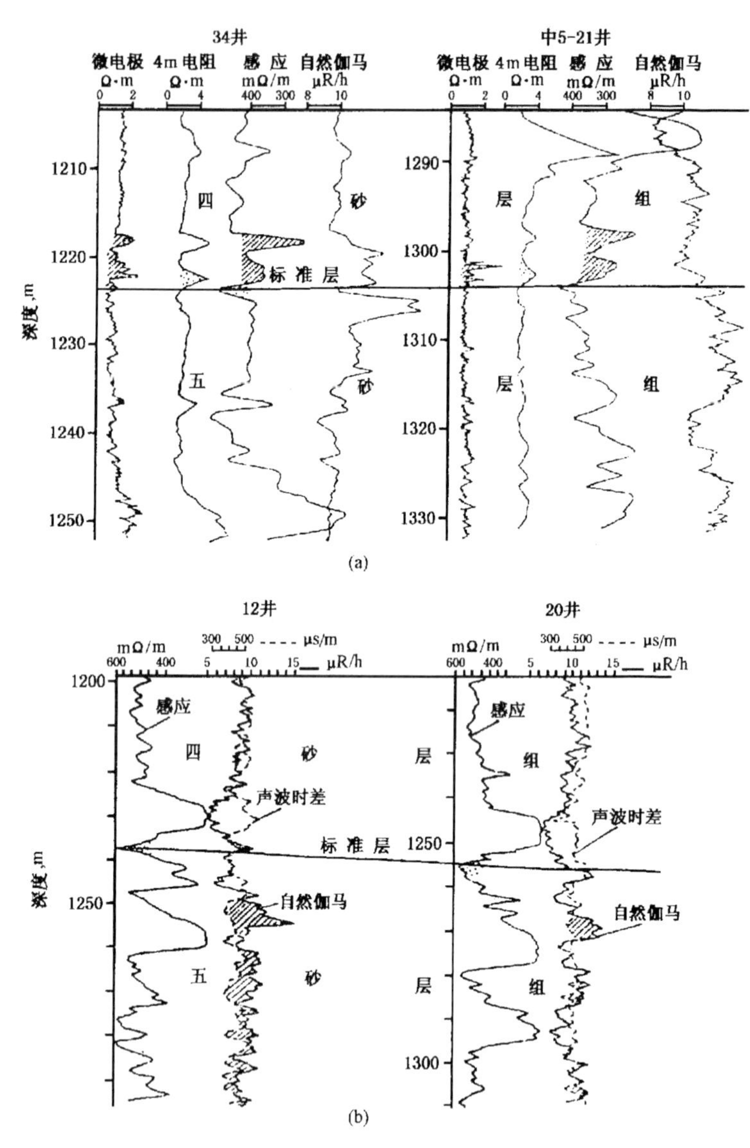

图6-25　孤东油田上馆陶组多测井信息综合对比寻找标准层示例

(a)为电阻、感应、自然伽马组合；

(b)为感应、声波、自然伽马组合

2)利用高成熟的古土壤寻找局部对比标准层

第三届国际河流沉积会(1985)上已有在河流沉积地面露头工作中,应用古土壤于对比的实例。但如何应用于地下地质工作中,目前还没有成功的实例,因为古土壤及其成熟度的识别还必须依靠岩心观察和分析。通过孤东油田的实践,我们觉得确实这是一个值得重视和很有前景的方法。

我国东部新生代河流沉积中高成熟的古土壤,多数表现为泥质很纯的紫红色泥岩,具块状结构;碳酸盐结核不甚发育,少见密集成层的产状;因此测井曲线上总是表现为最高电导率的响应(电阻率曲线的响应不如感应曲线明显)。而古土壤化成熟度较低的泛滥平原沉积,则常含较多的粉砂质,泥岩显杂色,有时还存一些微细层理,因而电导率曲线响应比上述纯泥岩要低,微电极曲线响应前者显低平最低值,后者略高呈锯齿形。

从成因上分析,高成熟度古土壤的形成是沉积速率相对较小的结果,也是一定规模沉积旋回界线的标志。此时,这种高成熟度古土壤化的泛滥平原沉积应有相对较广的侧向稳定性。这样,在我国东部第三系河流沉积中,以测井曲线上最纯泥质岩的响应为高成熟度古土壤的标志,用以作为联井对比时的局部标准层,在小层对比中可以起到一定的控制作用。当然,这必须建立在各油田本身仔细的岩电关系研究的基础上。

2.“切片”对比

个别标准层的确立,仍然只能控制大层段的对比(一般常有上百米的井段),要实现小层对比,还必须有次一级的“砂组”的对比和控制。由于河流沉积中两大基本组成部分——河道砂体和泛溢沉积的相变有相当大的随机性(反映古河道摆动的随机性),大套连续的河流沉积总是出现这样的情况:根据河道砂体与泛溢沉积的组合,每口井可以很合理地逐级划分旋回,但邻井对比时,很短距离内,就会发现各自的旋回界线很少能有一致性。因此常用的以岩石组合划分旋回进行砂组对比的办法完全失效。此时“切片”(Slice)对比法却是相对合理而有效的方法。

所谓“切片”对比法，就是把两个标准层间控制的大套河流沉积，带有一定任意性地等分或不等分地按总厚度变化趋势切成若干个片(即小层段砂组)，切片界线就是对比的等时界线(图6-26)。

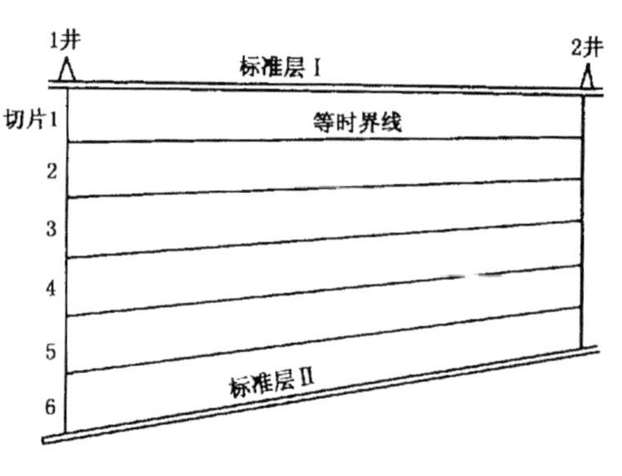

图6-26 “切片”对比示意图

“切片”对比，实质上是以简单化的办法来处理过分复杂的问题。如同在油藏数值模拟中建立储层地质模型一样，当油层非均质性非常严重、储层性质在很小范围内就频繁剧烈变化时，反而可以用一个均质模型来处理它。河流沉积中由于河道随机地频繁摆动改道，使得河道砂体在泛溢沉积中随机出现，任何一个等时单元在侧向上总是出现河道砂体与泛溢沉积的交互相变，反而不必拘泥于寻求一定的旋回界线，而用简单的沉积补偿原理，以任何一个基本平行标准层而遵循区域厚度变化趋势的层段切片，取其界面作为等时线控制对比。

当然，应用“切片”对比法于河流沉积时，也并不是无条件的，应该注意以下几个问题。

首先，“切片”要有一定的厚度，必须包含若干个单河道沉积旋回。但在各井的切片界线并不一定要求(事实上也不可能是)合理的旋回界线。“切片”层段要使绝大多数井都有一定层数的河道砂体与泛溢沉积的组合，而不出现部分井以河道砂体为主，部分井则几乎全为泛溢沉积的情况(“切片”厚度过小就会出现这种情况)。

这样可以消除砂、泥岩差异压实带来的对比误差。不言而喻，当“切片”厚度等于或甚至小于单个河道砂体厚度时，就成为荒谬的了。

其次，当区域性厚度变化较大时，标准层之间各地层单元或不同部位时厚度变化，并不一定具同一趋势，这时要尽可能利用地震剖面。河流沉积在地震反射剖面上的显示一般具连续性很差、零散分布的强反射同相轴。选择连续性相对较好的反射段，渐次追溯，仍可大体判断区域性厚度变化趋势，“切片”时应遵循这一基本趋势。简言之，“切片”对比时，切片界线尽可能参照相对连续性较好的同相轴(图 6－27)。

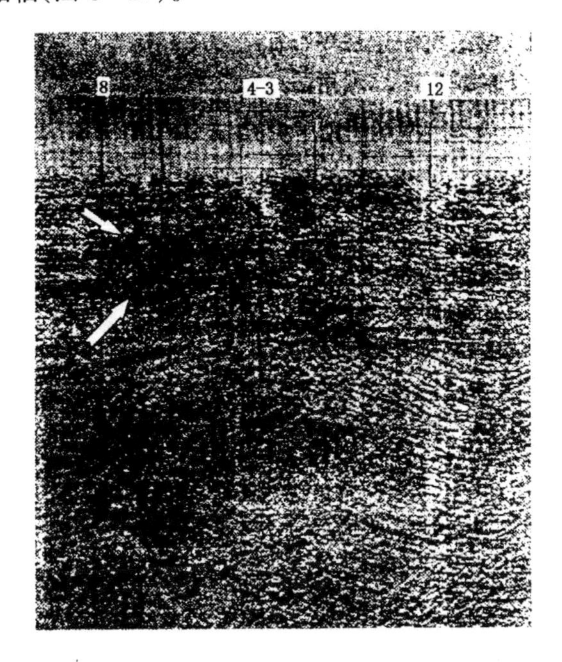

图 6－27　孤东油田东西向地震剖面

(图示上馆陶组(箭头指示)厚度变化趋势及不连续反射段可作为切片依据)

第三，“切片”对比界线尽可能多通过前述成熟古土壤化的泛滥平原泥岩段。假如在“切片”对比的层段内，纵向上仍可辨认出一些河流沉积的相对变化时，当然更应该尽可能反映这一变化，选择“切片”界线。

3.“等高程”对比单河道砂体

一个古河流从其冲裂形成、活动到再次充裂改道废弃，这一活动期间沉积的河道砂体，就是油田开发地质工作中需要对比圈定的最小河道砂体单元。河道内的全层序沉积(注意：不是只指开发地质工作中的渗透砂层部分—即河道沉积的主体砂岩部分，而应包括全部底层和顶层亚相)，其厚度大体反映古河流满岸深度，其顶界反映满岸泛滥时的泛滥面。同一河流内的河道沉积物，其顶面因此就是等时面，等时面应与标准层大体平行。也就是说同一河道沉积其顶面距标准层(或某一等时面)应有基本相等的“高程”。反之，不同时期沉积的河道砂体，其顶面“高程”应不相同。这就是目前比较普通采用的，以标准层控制，“等高程”对比同期河道沉积物顶面的原则之依据所在。河道砂体(即渗透性砂体部分)是河道内沉积物的主体，“等高程”对比实际上也就解决了河道砂体的对比问题。

确定同期河道砂体的对比关系后，其底面对比以冲刷面为准。这样，圈定最小的河道砂体单元的问题，就迎刃而解了。

应用“等高程”原则对比单河道砂体时，也应注意以下两点。

(1)依靠标准层控制“等高程”对比时。愈靠近标准层的河道砂体，对比精度愈高。远离标准层时就会因区域性厚度变化而无法控制。应用前述“切片”对比方法就是为解决这一困难，“切片”界线可以作为“等高程”的控制，当然应根据具体情况可作局部调整。此时，即使只能控制小范围的局部标准层也应充分利用，开发地质工作者的实际经验和对本油田区域地质(沉积)规律的熟悉程度，也就相当重要了。

(2)“等高程”对比单河道砂体，绝不能误解为砂层顶面的“等高程”，更不能以人工解释的渗透性砂层(如测井解释)顶面作“等高程”对比。实际工作时，应通过岩心详细观察，识别河道沉积全层序特征，与泛溢沉积加以区别，然后分析“岩电”关系(即在各种测井曲线上的响应)，利用测井曲线找出河道沉积全层序顶界，作为“等高程”对比界线。

“等高程”对比单河道砂体，如能结合地层倾角测井资料，效果将会更好。应用倾角测井解释的层理产状判断砂体延伸和加厚方向，可以提高单砂体对比精度。

最后，应该强调一点的是，上述涉及的河流沉积小层对比方法，都只适用于其间不存在构造变动的连续河流沉积。

七、多信息地层对比

1. 掌握并了解沉积方向和砂体分布形式

在地层对比过程中，应掌握并了解本区地层的沉积物来源、沉积方向、砂体在纵向和平面上的分布形式，认真分析、研究地层厚度变化规律。如松辽盆地的克山砂岩体是由北向南分布（图6－28），沉积物来源于北面；而英台砂岩体是由西向东分布，沉积物来源于西面（图6－29、图6－30）。

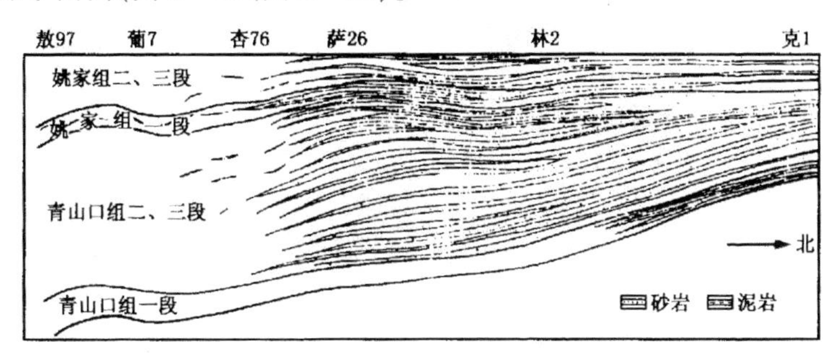

图6－28　松辽盆地敖97井—克1井青山口组—姚家组砂层剖面示意图（克山砂岩体）

中部含油组合为松辽盆地最主要的含油岩系。储集层以砂岩体为其主要分布形式。砂岩体系指具有相同成因和结构特征、相同水动力系统的砂层组合体。按其结构特征分为主体、核部、前缘带和侧缘带四部分（图6－29、图6－30及表6－13）。

中部组合之所以能够形成砂岩体，是与以下几方面的地壳运动特点有关。

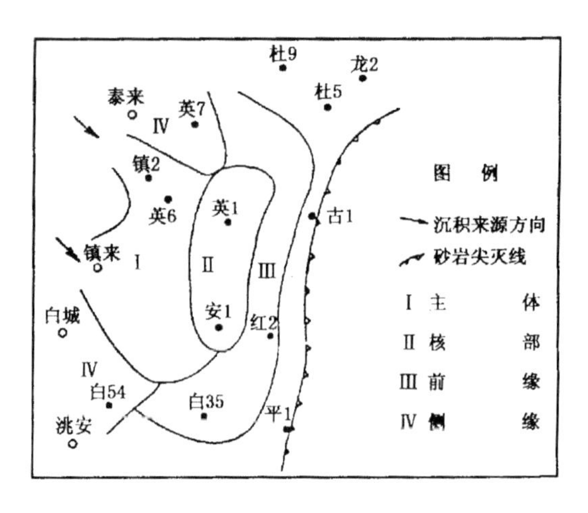

图 6－29　英台砂岩体分带示意图

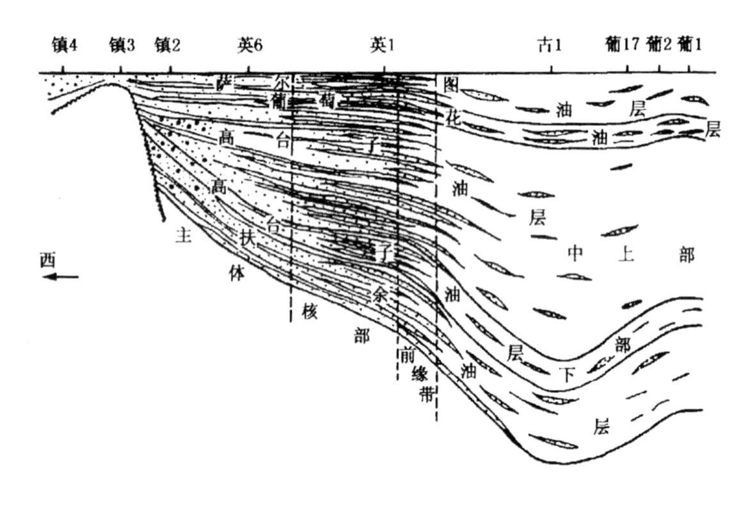

图 6－30　英台砂岩体剖面示意图

明显的差异性升降运动，造成了盆地内外古地形的巨大高差，山区遭受强烈的风化剥蚀，可形成大量碎屑物质来源，是形成砂岩体的物质基础。在姚家组和青山口组时期，由于东部和西部地壳运动强烈程度不同。所以东西部砂岩发育程度就有很大差别，造成碎屑岩主要分布在西部地区，泥岩主要分布在盆地东部地区的

表 6-13　砂岩体各带特征表

特征项目/分布	地层厚度	砂岩总厚度	砂岩层数	砂岩百分含量	砂岩单层厚度及成层情况	砂岩连通情况	岩性组合	物性	各种等值线图上特征
主体	厚度不大，缓慢加厚	厚度不大，缓慢加厚	总层数不多，缓慢减少	百分含量最高，缓慢减少	单层厚度最大，块状为主	连通性好	细、中粉砂岩夹块状泥岩，分选好，粒度粗，缓慢变细	物性最好	变化梯度平缓
核部	厚度突然加大	厚度突然加大	层数突然增多	百分含量高，继续缓慢减少	单层厚度中等，块状及厚层状为主	连通、串通性好	细、粉砂岩与泥岩互层，分选较好，粒度变细	物性好	比较密集
前缘带	继续大量加厚	迅速减少最后突然结束	迅速减少，最后突然结束	迅速减少，最后突然结束	单层厚度小，中、薄层为主	连通、串通性尚好	泥质岩及细粉砂岩，粒度细分选好	物性尚好	很密集，变化梯度最大
侧缘带	与主体比较无显著变化	与主体相比缓慢减小	与主体相比缓慢减小	与主体相比缓慢减小	单层厚度中等，厚层状为主	连通、串通性尚好	细、中粉砂岩与泥岩互层，分选较差	物性好	变化梯度平缓

特点。

不仅如此,地壳振荡运动差异性还影响盆地内补偿条件,决定了砂岩体的分布。可以想象,如碎屑物源异常充足,沉积速度超过盆地的下降速度时,湖水将逐渐变浅,碎屑岩将在全盆地广泛发育,无明显的泥岩区,自然也显不出砂岩体的存在。相反,当盆地下降速度大大超过沉积速度时,则泥质岩广泛发育,砂质岩很少,或仅在边缘地区有堆积,也无形成巨大砂岩的可能。所以只有在沉积速度与盆地下降速度基本平衡时,深水相与浅水相能够长期保存下来,才能够形成砂泥岩相带的良好分异,造成砂岩体形成的背景。

在有丰富的碎屑物源和机械分异的背景上,之所以能够形成砂岩体,主要是在于盆地内部地壳运动的差异性。从横剖面中可以看出,在隆起向坳陷的过渡地带,地层厚度突然加大,说明该区与相对隆起的斜坡区有明显的差异运动,这里正是砂岩体核部所在部位,砂岩总厚度最大。再向盆地内部,下降幅度更大,沉积补偿不充分,长期处于较深水相,由于机械分异作用而变为泥岩,二者之间的过渡地带形成前缘带。核部外侧,下降幅度较小,形成了砂岩体主体特征。这样,砂岩在剖面上便形成具明显分带特征的一个帚把状(图 6-31)。相反,若没有地壳运动的这种差异性,而是稳定不变的斜坡,则不可能形成帚把,而可能形成一个标准的三角洲沉积(图 6-32)。

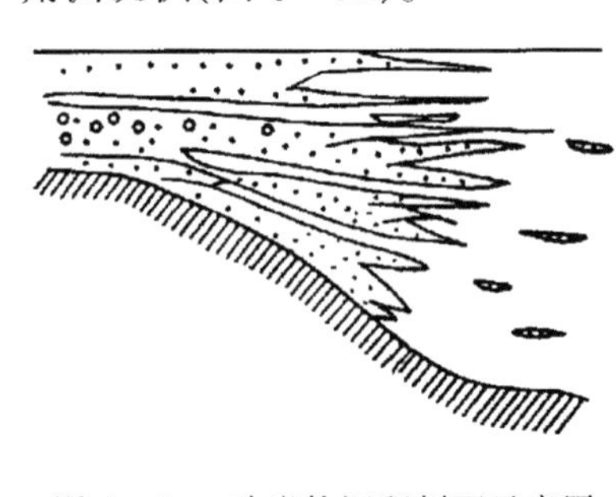

图 6-31　砂岩体沉积剖面示意图

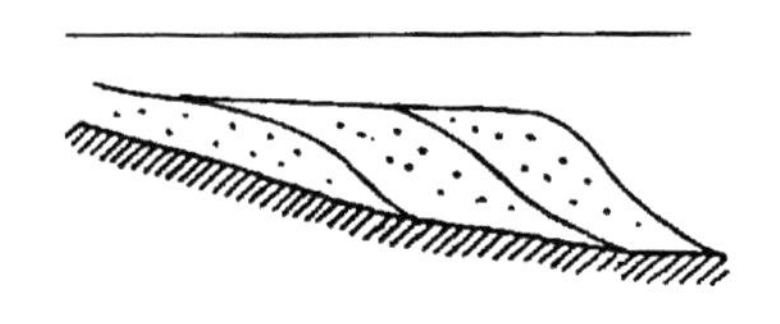

图 6-32　标准三角洲沉积剖面示意图

在上述地壳运动特点的基础上进一步分析，发现盆地内各砂岩体及其不同部位的形成，是沉积物源、水流能量、湖盆固有水动力条件、湖底地形四者结合所组成的沉积条件的反映。不同地区、不同层位由于各具体条件的不同，砂岩体的形状也有所不同。

中部组合沉积时湖盆面积扩大，湖盆内水动力条件不能与海洋相比。湖盆内无潮汐现象，波浪作用相对较微弱，周围山间河流的流入对盆地的沉积影响较大，它对砂岩体的形成起着显著的作用。

当能量巨大的山间河流携带大量的碎屑物质进入湖盆后，由于无河床的限制，就突然形成扇状散流。由于扇状散流的截面积较河床加大许多，加以湖盆静水水体的阻滞，流速必然迅速减慢，原山间河流所携带的最粗的碎屑物——砂石，便在河口附近的滨湖地区(如在英台砂岩体的镇 4 井一带)大量堆积。当扇状散流继续流向湖盆中央的过程中，如湖底地形平坦，扇状散流的前缘不断克服静水阻力而均匀地消耗其固有能量，水中悬浮的及沿湖底滚动的碎屑物质，便有规律地按机械分异原理不断地分异、堆积，在平面上形成连通良好的扇状的砂质岩堆积。在剖面上若地壳运动比较稳定，则地层总厚度不大，而砂岩单层厚度大、层数少、百分含量高，这便是砂岩体主体的形成条件。如北部砂岩体林甸以北地区，西部英台砂岩体的五颗树以西地区即是。在扇状散流的侧翼，在其主要条件与主体相同的条件下，由于流速较慢，故所沉积的碎屑相对较细，砂岩总厚度和百分含量相对主体较少。如北部砂岩体的三兴地区，即位于克山—杏树岗和富裕—太康两个扇状散流的侧翼，英台砂岩体的白 81 井附近，位于坦途—英台和镇来—安广两个扇状散流的侧翼部分，形成了砂岩体的侧缘带。当扇状散流继续前进时，遇到了湖底地形的改变，出现区域性水下隆起或坳陷时，则扇状散流在各部分受到不同阻力，固有的流向及流动方式便随之而改变。有两种情况：第一种情况在固有流向的前方，出现了区域性水下古隆起，如富裕—泰康的物源方向，流至昂昂溪—泰康一线，遇到了近东西向的泰康古隆起，水流再次迅速减慢。碎屑物便在隆起前大量沉积下来。以致在隆起之前的齐1井、杜8井一带砂岩极为发育，形成了砂岩的核部。即使部分悬浮的碎屑物能“爬起”隆起，终因能量损耗太大而无力延伸太远。仅达到30000m左右，至杜10、杜9井一线已趋于尖灭。这样在杜8井以南的杜1井一带砂岩明显减少(萨尔图油层杜8井砂岩厚40.8m，杜1井10.6m)，向南更急剧减少，形成了砂岩体的前缘带。另外，部分水流，尤其是隆起东侧，因隆起之存在而改变方向，即产生绕流。使砂岩体的核部或前缘在平面上的分布形状复杂化。另一种情况：在固有流向前方出现巨大坳陷时，静水水体也会对固有流向产生阻力，引起流向的改变，形成绕流。如克山—杏树岗物源方向，北北东向的扇状散流流至林甸地区时，就遇到齐家古龙凹陷静水体的阻滞，水流改为北北西向。以致造成齐家古龙砂岩薄，林甸—喇嘛甸子一带砂岩巨厚的现象，使北部砂岩体的核部向南呈指状伸出。绕流的情况，在英台砂岩体也同样存在，但由于静水体与水流方向垂直，未能形成砂岩的指状伸出。

关于盆地内砂岩的分布和沉积条件还有另一种意见，认为松辽古湖盆面积较大，总观全盆地的不动力条件，应以复杂的波浪环流作用为主。

2.用多种测井资料对比

地层对比是多井评价的关键技术。尽可能地利用全部测井和录井信息，通过多种测井信息适当地组合和叠加，可以使隐含的地层特征变得明显起来。

孤东油田上馆陶组曲流河沉积油层，是一个综合多种测井信息反映沉积过程中“事件性”的实例。该层段在尚未找到标志层以前，采用旋回对比方法，容易发生数十米至近百米的错位。寻找标志层的工作从岩心观察入手。从少数取心井观察到油层中部有一层厚约0.3m的螺化石层。统观化石层上下，河流沉积物在沉积速率、古土壤成熟度上都有明显的变化，因而确认这一螺化石层正是沉积环境发生较大变化转折事件的产物，但是这种变化在单条测井曲线上一时找不到相应的特征。而在相同声波时差的背景下考察自然伽马,发现化石层以下沉积的自然伽马明显高于化石层以上沉积。采用自然伽马与声波时差反向叠合绘制测井曲线,以声波时差衬托自然伽马,便可在化石层以上和以下分别呈现出“负幅度差”和“正幅度差”,而正、负幅度差转变处的感应测井曲线上的高电导率点,恰好是螺化石层的确切位置,亦即“事件”的转折点。现已被确认为孤东油田的主要标志层(图6-33)。

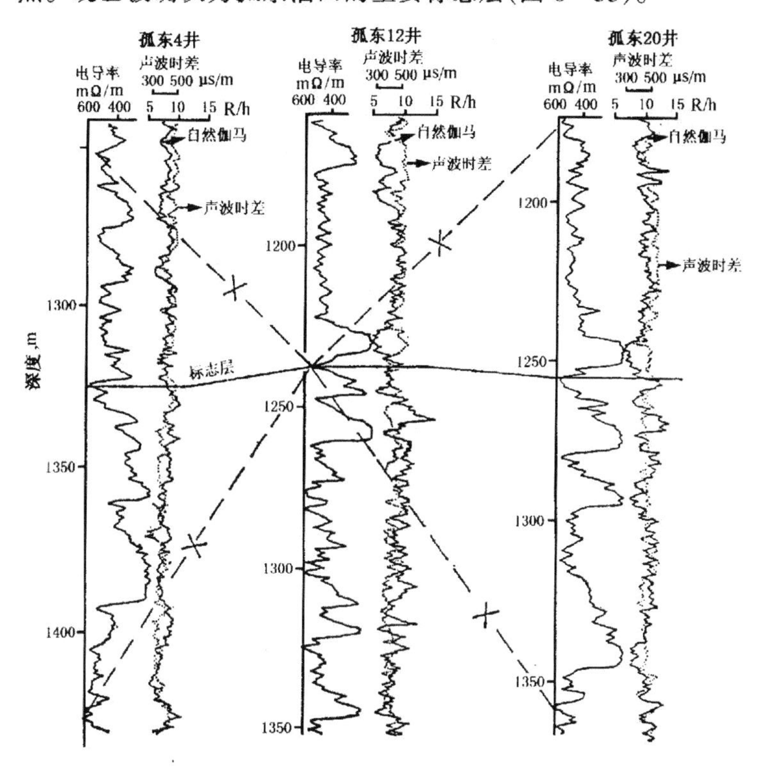

图6-33 自然伽马—声波—感应多信息地层对比图

在20世纪80年代发现的新疆火烧山油田,应用类似的多信息综合对比方法,向西追踪第一口探井(火1井)的油层,找到了隐蔽但却稳定的油藏的盖层。用微差分析法复查此盖层下伏的一些“水层”并将它们修正为油层。此盖层下的油层还呈现出含油饱和度随着深度增加而递减的趋势，从而确认了油藏具有统一盖层和统一油水界面，迅速查明了火烧山整装大油田的轮廓。

八、断层对比实例

宝月油田断层对比失误，导致重新钻井。

在正确识别油(气)水层之后，紧接着需要追踪油(气)层的分布范围，需要用测井曲线进行地层对比。反过来，地层对比又可促进对于油(气)水层的重新认识。

海相和湖相沉积，岩相稳定，地层对比容易进行。我国陆相含油气盆地中河流砂体储集岩占有相当重要的地位，但是河流沉积物侧向相变剧烈，加上断层的复杂化，给地层对比带来很大困难。图 6－37 为三水盆地宝月油田的油层对比实例。第 1 口探井水 16 井获得工业油流后，由于地层对比失误，造成了水 20 井等 5 口评价井未钻达目的层而中途完钻，3 年之后才纠正错误的地层对比。在 2.6km 以东的水深 17 井加深钻探，又获得了工业油流(日产油 $138m^3$)。

总结图6－34这类地层对比失误的教训，我们认为，与一般

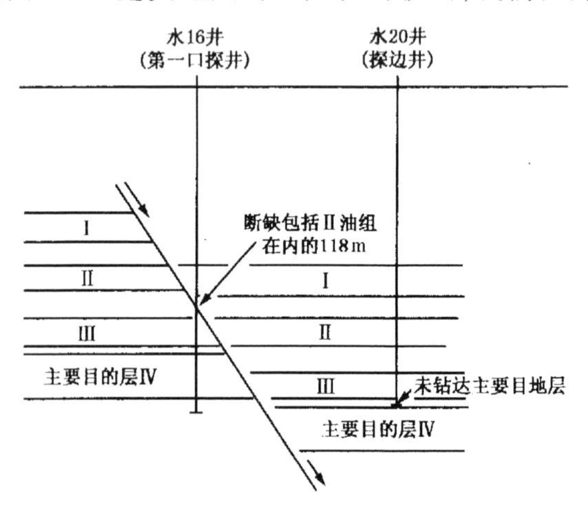

图 6－34　宝月油田因地层对比失误，探边井未钻达目的层(Ⅰ，Ⅱ，Ⅲ，Ⅳ为第一、二、三、四油层组)

地层对比一样,用测井资料进行河流沉积地层对比的关键仍然是寻找对比标志层。不能认为河流沉积毫无标志层可找。事实上河流沉积中存在着一系列隐含的标志层,需要人们通过深入了解地质历史的演化过程,通过综合多种测井信息去搜寻和提取它们。

第七章　层序地层学划分与对比地层研究实例——非海相的济阳坳陷内东营凹陷下第三系高分辨率层序地层学研究

层序地层学是一种划分、对比和分析沉积地层的新方法。当与生物地层及构造沉降分析相结合时，它提供了一种更精确的地质时代对比、古地理恢复和在钻井前预测油气储集岩、烃源岩和盖层的方法。层序地层学概念在沉积地层上的应用有可能提供一个完整统一的地层概念，就像板块构造曾经提供了一个完整统一的构造概念一样。层序地层学改变了分析世界地层记录的基本原则，打开了了解地球历史的一个新阶段，因此，它可能是地质学中的一次革命。

一、概述

1. 工区地质概况

济阳坳陷位于渤海湾盆地南部，南到鲁西隆起，西、北界为埕宁隆起，东临渤中坳陷，总面积 25000km^2，是我国第二大油田——胜利油田的主体部分。盆地由四排凸起和若干凹陷组成。四排凸起自西北向东南依次为：埕子口凸起—庆云凸起，义和庄凸起—无棣凸起—宁津凸起，陈家庄凸起—滨县凸起，青城凸起—广饶凸起；凸起之间的凹陷自西南至东北依次为惠民凹陷、东营凹陷、沾化凹陷、车镇凹陷、埕北凹陷、桩东凹陷。其中，东营凹陷是本章论述的重点（图 7－1）。

下第三系沙河街组地层（ES）自下而上依次分为沙四段、沙三段、沙二段和沙一段。

沙四段：岩性为红色碎屑岩，灰色、深灰色泥岩与石膏、盐岩互层，顶部有油页岩及礁灰岩，中部为蓝灰色泥岩。主要化石有光滑南星介、中国中华扁卷螺、德弗兰藻、中国枝管藻、龙介虫、艾氏鱼、

图 7－1　济阳坳陷第三纪构造单元示意图

双棱鲱等。主要为滨海湖相。与下伏地层呈不整合接触，沉积厚度一般在 200～1000m 以上。

沙三段：岩性为深灰色、灰色泥岩，油页岩，粉砂岩，粉细砂岩。下部为泥岩与油页岩，中部为厚层暗色泥岩。上部为厚层块状粉细砂岩夹泥岩及碳质页岩。主要化石有华北介、脊刺华北介、隐瘤华北介、坨庄旋脊螺、小榆粉、小亨氏栎粉、渤海藻及副渤海藻等。为滨海湖泊相沉积。本段上部是本区主要产油层位之一，中下部是主要生油层。沉积厚度一般为 300～1200m。

沙二段：岩性为棕红色、灰绿色、杂色泥岩与灰白色砂岩，含砾砂岩夹碳质页岩。主要化石有椭圆拱星介、旋脊似瘤田螺、阶状似瘤田螺、伸长似轮藻等。为湖泊和沼泽相沉积。与沙三段连续，与以前地层超覆接触，沉积厚度 100～600m。

沙一段：岩性为灰绿色、灰色泥岩夹生物碎屑灰岩，白云岩，油页岩及砂岩。上部为泥岩夹砂岩，中部为油页岩及生物碎屑灰岩，下部为泥岩夹白云岩。主要化石有：惠民小豆介、李家广北介、光亮西营介、辛镇广北介、短圆恒河螺、榆粉、栎粉、薄球藻等。为滨海湖泊相沉积，也是本区生油层之一。与沙二段连续沉积，与以前地层超覆接触，与上覆东营组砂泥岩地层整合接触。沉积厚度50～400m。

2.研究方法

湖平面升降是控制湖泊沉积层序发育最重要的因素。湖平面运动是频繁而有规律的，其运动过程中所留下的痕迹是极其重要的时间界面。层序地层学的主要任务之一便是识别这些界面，进而研究界面间夹持的地层特征及分布。

沉积地层的分级性或嵌套性是很明显的：最高级别的层序地层单元叫层序，指的是一套有内在联系的相对整合的地层，其顶底以不整合面或与之对应的面为界。按照层序内部沉积体系的分布和位置的不同，层序可进一步划分出体系域。一个体系域包括一个或若干个准层序组，而准层序组又是由准层序有规律地叠加组合而成。准层序级别以下的层序地层单元依次是岩层组、岩层、纹层组和纹层。因此研究的技术路线遵循由大到小、由区域到局部、由宏观到微观的原则，具体来说就是利用地震资料识别层序的体系域，根据测井资料研究体系域、准层序组和准层序，根据岩心划分准层序、岩层组直至纹层。

1)层序地层格架的建立

济阳坳陷已经历30多年的油气勘探和开发历史，目前已完成地震测线116863km，平均密度达2.5km/km^2。在相当多的地区已实现三维覆盖，测网密度达50m×50m，已纵横交错，密若蛛网。这种密度大、品质高的二维和三维地震资料蕴含着丰富的地下层序地层信息，是开展层序地层研究重要的基础资料。根据地震反射的特征(振幅、连续性、终止类型等)，结合录井及合成声波测井标定，识别层序边界和最大湖泛面，进而划分出层序和体系域，搭起层序地层格架。

2)准层序组和体系域的划分

地震剖面信息量虽大，但其分辨率毕竟有限。因此必须在地震层序格架内利用测井资料划分准层序组，甚至准层序。济阳坳陷已钻探井3521口，密度约1.3口/km^2，钻井密度在开发区达16

口/km^2。根据自然电位，自然伽马、电阻率、感应等测井资料划分准层序叠加方式，识别出了进积式、加积式和退积式准层序组，并以准层序组边界为标志进行井间对比。

3)高分辨率层序地层学研究

济阳坳陷已进入勘探后期至开发阶段，油气储层，特别是单套储层的表征是该阶段的重要任务。需要在层序、体系域、准层序组划分的基础上，把地层单元划分得更细，即准层序，甚至岩层组，并追踪其三维展布，并以它们为单位编制等时性高分辨率、大比例尺的岩相古地理图和砂体展布预测图。这种高分辨率层序地层学研究必须充分利用岩心和测井资料。

二、东营凹陷高分辨率层序地层学研究

1.地质概况

东营凹陷位于济阳坳陷的南部，北靠陈家庄凸起，东临垦东—青坨子凸起，南以鲁西隆起为界，西有青城凸起，面积约 5700km^2，是济阳坳陷勘探程度最高的凹陷。凹陷内部可分为 5 个二级构造单元：(1)永安镇—胜坨—滨海陡坡带；(2)东辛—现河—纯梁中央隆起带；(3)民丰—利津洼陷带；(4)青南—牛庄—博兴洼陷带；(5)八面河—草桥—金家斜坡带。地层特征主体与济阳坳陷一致。

2.单井沉积相及层序地层学分析

单井沉积相及层序地层学分析是高分辨率层序地层学研究的基础，现选择几口有代表性的取心井进行分析。

1)面 14—7—5 井

该井位于东营凹陷南斜坡。取心井段为1114.3～1266.7m，属沙四段湖侵体系域，自下而上分析如下(图 7－2)：

(1)井深 1266.7～1241.0m(图 7－2a)：属滨浅湖沉积。

①沉积特征：

a.颜色：泥岩呈浅灰、灰绿色，砂岩呈褐色、黄色。

b.成分：盆外碎屑为主，掺杂一定量的盆内颗粒。前者包括石

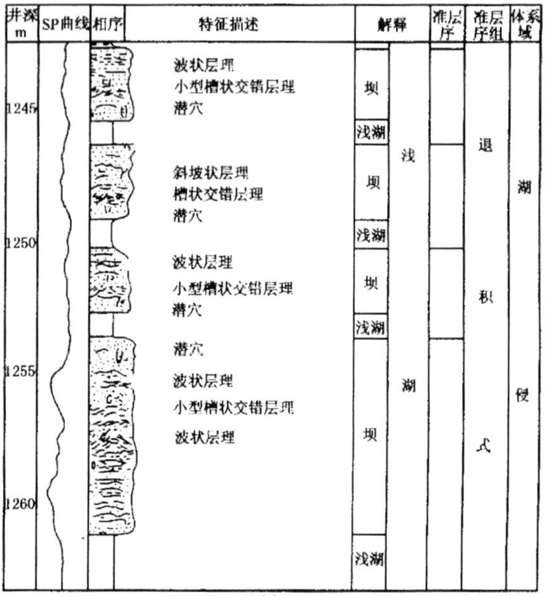

井深 m | SP曲线 | 相序 | 特征描述 | 解释 | 准层序 | 准层序组 | 体系域

1245
1250
1255
1260

波状层理
小型槽状交错层理
潜穴

斜坡状层理
槽状交错层理
潜穴

波状层理
小型槽状交错层理
潜穴

潜穴
波状层理
小型槽状交错层理
波状层理

坝
浅湖
坝
浅湖
坝
浅湖
坝
浅湖

浅湖

退积式

湖侵

(a)

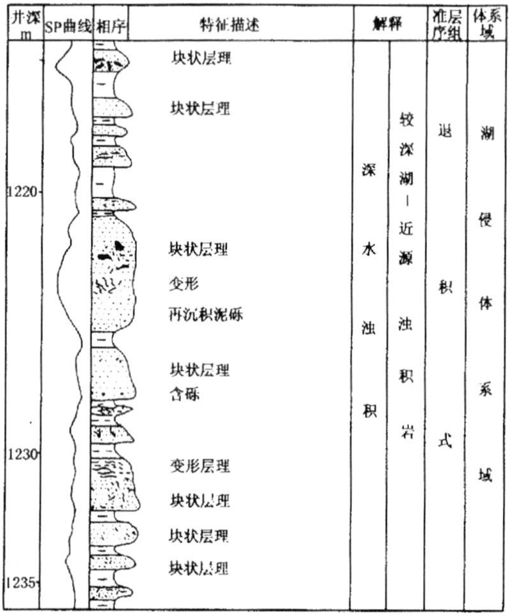

井深 m | SP曲线 | 相序 | 特征描述 | 解释 | 准层序组 | 体系域

1220
1230
1235

块状层理
块状层理
块状层理
变形
再沉积泥砾
块状层理
含砾
变形层理
块状层理
块状层理
块状层理

深水浊积

较深湖—近源浊积岩

退积式

湖侵体系域

(b)

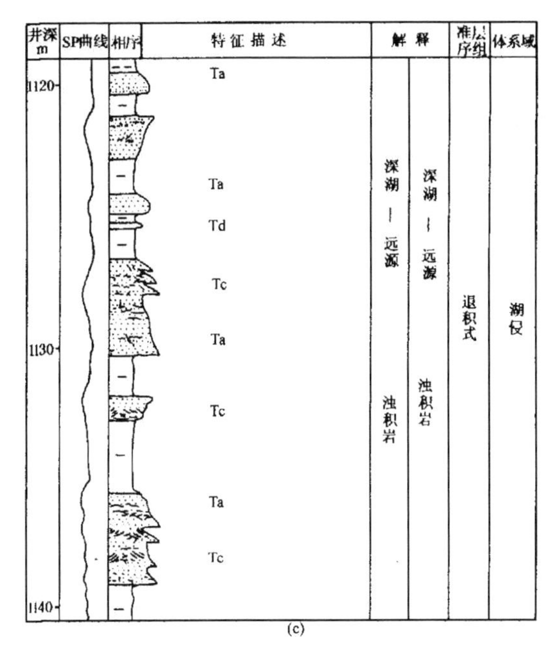

图 7－2　面 14—7—5 井层序地层分析图

英、长石、岩屑和云母等，后者包括鲕粒、砂屑、球粒和生物碎片等(图 7－3)。

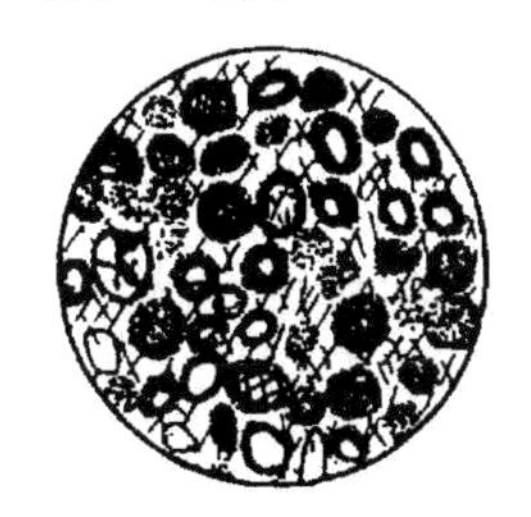

图 7－3　面 14—7—5 井镜下标志(单偏光，×100)

c. 结构：分选中等，粒度概率图呈二段、三段式，反映了牵引流的特征。

d. 构造：有小型槽状交错层理，平行层理，斜波状层理、透镜状层理，压扁层理和对称波痕，不对称波痕及生物扰动(*Intortusichnus* 相)，垂直、U 型和倾斜潜穴(*Skolithos* 相)发育。

e.岩石类型有粉砂岩、细砂岩、泥岩、颗粒白云岩。

上述相标志都指示为滨浅湖滩坝和正常浅水沉积。

②准层序划分： 准层序是以湖泛面或与之对应的面为界所夹持的沉积单元，而湖泛面是由湖平面短时快速上升所成，因此跨过此界面有水深突然增加的证据。本井段在1242.5m，1246.0m，1250.8m，1254. 0m处识别出了4个湖泛面，相对应划出了4个准层序。这4个准层序的共同特征是：

a.粒度下细上粗，自然电位以漏斗形为主，属CU序。

b.下部以*Intortusichnus*相为主，上部以*Skolithos*相为主，在准层序边界处消失。

c.每个准层序内水体下深上浅，在准层序顶部（一般为滩坝相）之上水深突然增加。

d.准层序组：从每个准层序中单砂层的厚度、粒度变化趋势看，由下而上变薄、变细，湖平面相对上升，相带略有向岸后退，故这4个准层序的叠加方式为退积式。

(2)1120. 0～1236. 0m（图7－2b、图7－2c）：属较深湖近源重力流沉积。相标志有：

①岩性主要为灰色、深灰色、褐灰色泥岩，页岩夹含砾粗砂岩、粉细砂岩等。

②普见块状层理、递变层理、撕裂屑、鲍马序列。

③粒度概率曲线呈单段式或平缓两段式（图7－4）。

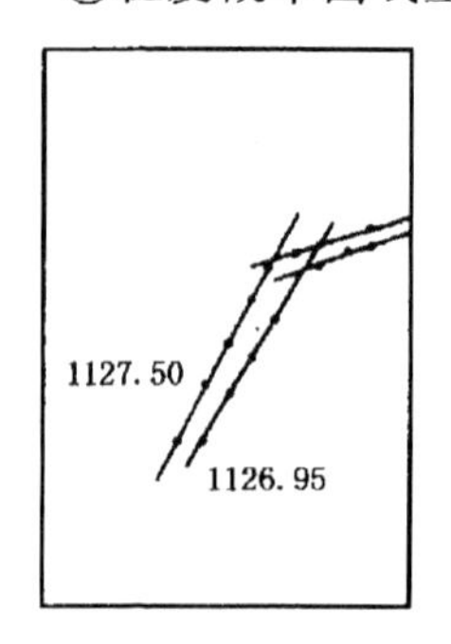

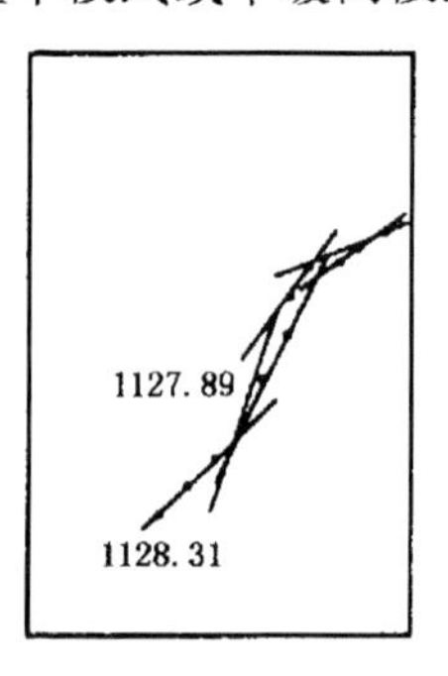

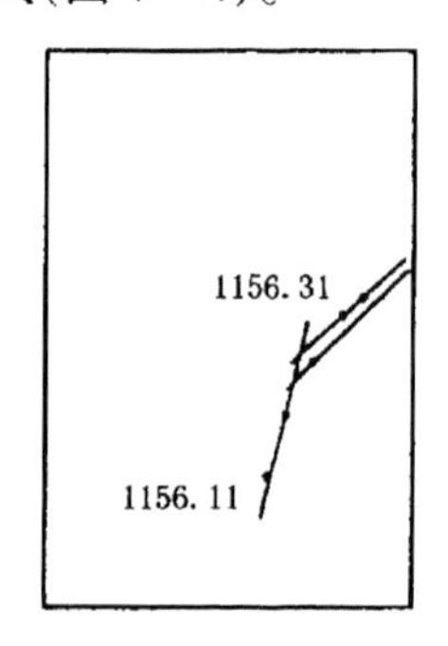

图7－4　面14—7—5井粒度概率图
（反映牵引流沉积，数字为样品井深，m）

④深水介形虫化石丰富,泥、页岩中含炭化植物屑并沿层面分布,但无优选方位。见深水牧食迹遗迹化石。

根据粒度和砂泥比等标志可以看出该井 1214．0～1236．0m 段属近源浊积岩,1119．0～1141.0m 为远源浊积岩。自下而上湖平面相对上升,为退积式准层序组。

(3)体系域分析:该井段自下而上由两个退积式准层序组构成,特别是上部的准层序组与下部的相比湖岸线明显后退,故定为湖侵体系域。

2)面 12—10—5 井

该井与面 14—7—5 井特征十分相似,故不多述。

3)辛 24—16 井

辛 24—16 井主要以三角洲与湖底扇的沉积相叠加而成(图 7－5)。

(1)沉积特征:

①岩石类型:辛 24—16 井取心井段岩性复杂,从大段的泥岩到粉砂、细砂、中砂、粗砂以及砾岩均有。砂岩的分选、磨圆较差,成分、结构成熟度较低。

②沉积构造:由单井相分析图上得出辛 24—16 井取心井段为三角洲加积和进积形成。有生物扰动、生物潜穴等各种生物成因的沉积构造,滑塌变形构造特别发育,有水平层理、单斜层理、波纹层理、交错层理等各种层理构造,生物介壳层多,介壳较完整,分布在暗色泥岩中,冲刷面常见。

③粒度结构:概率曲线(图 7－6)多为两段式,也有一段式,悬移质沉积和跳跃式沉积组分较发育。滚动组分较少,说明以牵引流为主,夹有重力流沉积。

(2)相分析:辛 24—16 井取心井段主要的沉积相为三角洲和湖底扇沉积。

①前三角洲亚相:以黑色、黑褐色的泥岩沉积为主,夹有少量薄层的呈正递变层理的粉砂岩。有生物扰动构造,炭屑普见。说明为极弱水动力条件下的缓慢连续沉积。位于前缘带前方,湖盆

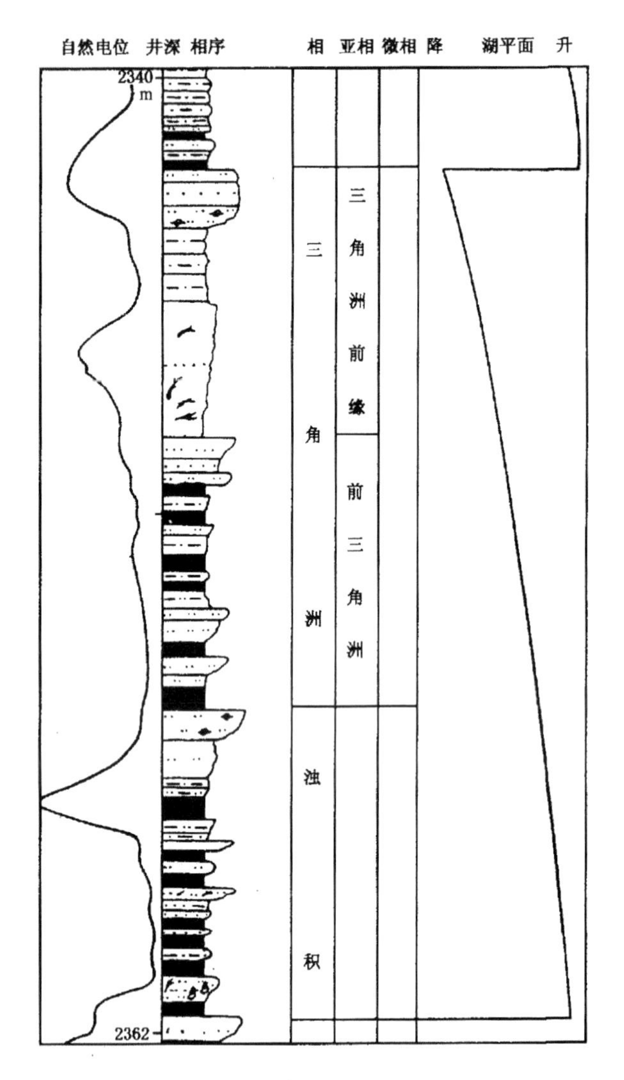

图 7－5　辛 24—16 井准层序特征

较深的地区。

②三角洲前缘亚相：多为河口坝、远砂坝、席状砂沉积的粉砂、细砂，也有河道间的暗色泥岩沉积。有的粉砂岩中含有生物介壳，

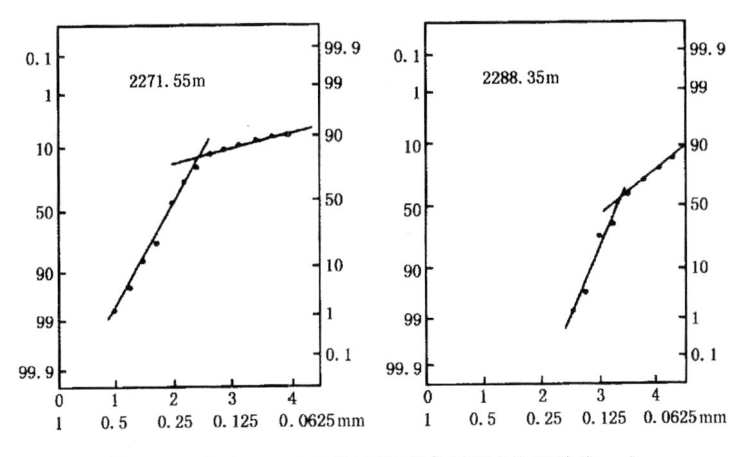

图 7-6 辛 24—16 井粒度概率曲线图(井深单位:m)

有生物扰动、生物潜穴、滑塌变形构造和泥岩撕裂屑。说明沉积时为水动力较强、物源充足的浅湖三角洲沉积。各微相特征如下:

a.河口坝砂体:是三角洲前缘亚相中的骨干砂体,由分流河道不断向前推进沉积而成。当水流进入湖盆后流速减慢,携带能量减少,沉积速率高,沉积受湖流和湖浪的作用,在分流出口附近沉积了厚度大、面积广的河口坝砂体。自下而上呈反韵律组合,一般下部为粉砂岩,中部为粉—细砂岩,上部为细砂岩夹中砂岩;这类砂体层理发育,上部多见斜层理、平行层理,中下部为水平层理、波纹层理。与底部的前三角洲相泥岩呈过渡接触。

b.席状砂:这是三角洲前缘大部分沉积物进行分配的产物。席状砂的部位多在两个河口坝之间,是河口坝砂体被湖浪再分配的产物。岩性一般为粉砂岩,多呈不明显的反韵律,自然电位曲线形态以箱形为主。由于受湖浪簸扬作用的影响,颗粒分选好,砂体上部具交错纹层,中下部见波纹层理。

③三角洲平原亚相:为一套砂、泥岩组合,主要为灰白色砂岩与灰色、灰绿色泥岩,炭质泥页岩发育。据砂体的几何形态及岩性特征可划分出分流河道、河间洼地(间湾沉积)、沼泽沉积等。

a.分流河道:多以单向水流为特征。河道迁移频繁,主要为砂岩、粉砂岩,砂层底部偶有砾石。单砂层多呈正韵律,砂岩中层理发育,可见槽状、楔状交错层理。在顶部粉砂岩中有波纹层理和爬升层理。

b.间湾、沼泽沉积:在分流河道间,溢出天然堤的细砂与泥质等间互成层沉积于分流河道间,形成间湾沉积。近岸部分有沼泽沉积。泥岩呈浅灰、绿夹黄、红等氧化杂色,可出现植物根、泥裂等暴露标志。

c.天然堤沉积:以粉砂和粉砂质泥为主,为洪泛期河水漫出岸淤积而成。

(3)层序地层学分析:辛24—16井未钻穿沙三中段的鼓包泥岩,从地震剖面上定出T_3、T_2,并标在录井图上。2301m以下为高水位体系域,2170~2301m为低水位体系域,1958~2170m为湖侵体系域。

①准层序划分:本井在高水位体系域含有15个准层序,低水位体系域分出了9个准层序。湖侵体系域划分出15个准层序。这些准层序的共同特点是:

a.粒度自下而上由细变粗。自然电位曲线以漏斗型为主,还有指形和箱形,以CU序为主。

b.每个准层序内水体下深上浅,在准层序顶部之上水深突然增加,形在湖泛面或准层序边界。

②准层序组:在高水位体系域中,按照单砂层的厚度、粒度变化趋势和砂泥岩比等将体系域分出4个准层序组:第一个准层序组不全,只看到顶部一个准层序,与之对比的井为加积式准层序组。第二个准层序组中,由下向上共有5个准层序,单砂层的厚度虽有变化,但砂、泥岩比基本不变,因此定为加积式准层序组。第三个准层序组含7个准层序,从砂、泥岩比基本保持不变来看,仍定为加积式准层序组。第四个准层序组顶部为T_3地震反射(层序边界),为风化剥蚀面,从仍残留的两个准层序来看,砂泥比向上增大,同时粒度也变粗,因此定为进积式准层序组。

低水位体系域包括3个准层序组:第一个准层序组从下向上

有3个准层序,从单砂层厚度、砂泥比及粒度大小来看,都有基本不变的趋势,所以这3个准层序的叠加方式定为加积式。第二个准层序组自下向上有3个准层序,单砂层厚度,砂、泥岩比及粒度都有增加的趋势,湖平面相对下降,相带向湖推进,属进积式。第三个准层序组自下而上有3个准层序,单砂层厚度、粒度变化趋势及砂、泥岩比自下而上都变薄、变细、变小,湖平面相对上升,相带向岸后退,故这3个准层序定为退积式。

湖侵体系域中共划分出3个准层序组。第一个准层序组含4个准层序,由下而上砂层变薄、粒度变细、砂泥比值变小,湖平面相对上升,相带向岸后退,所以这4个准层序定为退积式。第二个准层序组具4个准层序,第三个准层序组具7个准层序。根据单砂层厚度、粒度变化趋势及砂、泥岩比自下而上变薄、变细、变小,反映湖平面相对上升,相带向岸后退,所以这两个准层序组的叠加方式定为退积式。

4)辛111—6井

辛111—6井取心井段(1995~2143m,沙三上)属于三角洲与风暴浊积相沉积,见图7－7。

(1)基本沉积特征:

①岩石类型:有泥岩、砂岩、砾岩,岩性复杂。

②沉积、构造:三角洲沉积特征很清晰,有生物扰动、生物潜穴和滑塌变形构造,生物介壳层丰富,具有多种层理构造。

(2)相分析:

①前三角洲亚相:以黑色、黑褐色的泥岩沉积为主,夹有少量粉砂岩,有较明显的风暴浊积砂体发育,砂体中生物介壳繁多,形态完整、杂乱堆积,为螺类、瓣鳃类,说明是浅湖沉积的生物介壳直接进入前三角洲沉积而成。

②三角洲前缘亚相:以各种粒级的砂质、砾石沉积为主,河口坝、远砂坝和席状砂沉积发育。具多种层理、变形构造、生物扰动构造等,说明沉积时物源充足,水动力较强。

③三角洲平原亚相:较粗的河道砂砾沉积较发育,河道间沉积

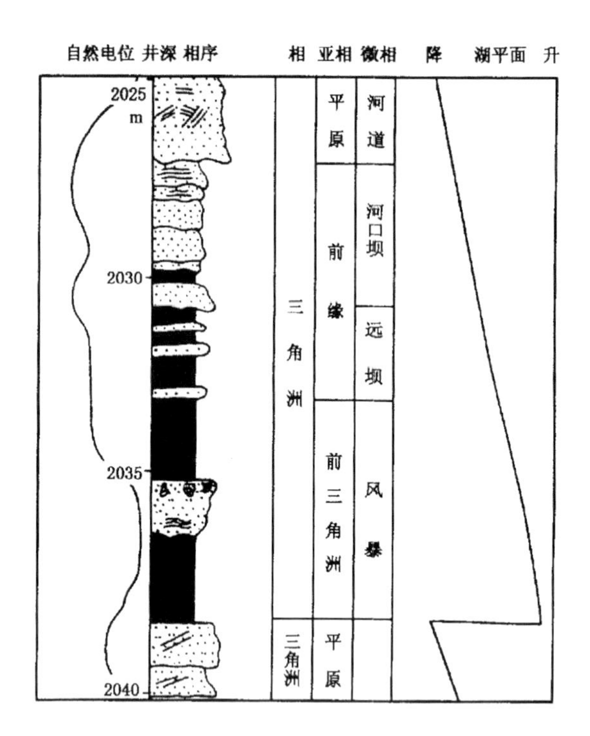

图 7－7　辛 111—6 井准层序特征

的灰绿色泥岩也较常见。具有冲刷面、交错层理、波状层理等代表水动力强弱变化的沉积构造。

④风暴浊积砂相：以粗粒的砂泥沉积或较富集的生物介壳沉积为主。介壳层厚达十几厘米，有的以分散状夹于暗色泥岩中。生物介壳形态完整，主要是螺类、花鳃类，有的已富集成生物介壳灰岩。

(3)层序地层学分析：辛 111—6 井取心井段含有 13 个准层序，组成一个准层序组，准层序之间是加积组合关系，沉积于高水位体系域中。沉积环境为三角洲沉积夹风暴浊积砂。一次湖平面升降形成半深湖及三角洲沉积。滨浅湖的生物壳被风暴回流搬运到前三角洲至半深湖环境形成风暴浊积岩，随后出现正常的三角洲沉积。风暴浊积砂是三角洲沉积的前奏。三角洲沉积之后发生湖泛，湖水立即变深，又回到半深湖环境。这就是一个准层序的形成过程。随后进入下一次的风暴浊积砂、三角洲沉积。这样一次一次地叠加就形成辛111—6井的沉积模式。

5)辛53井

根据地震剖面定出体系域的边界，辛53井已钻到鼓包泥岩(T_5反射)，从鼓包泥岩向上到2338m之间为高水位体系域，井深2338m~2095m为低水位体系域，井深2095~1900m为湖侵体系域。

(1)准层序划分：本井高水位体系域包含23个准层序，低水位体系域有15个准层序，湖侵体系域中划分出15个准层序。这些准层序的共同特征是：

①粒度自下而上由细变粗，自然电位以漏斗形为主，还有指形和箱形，以CU序为主。

②每个准层序内水体下深上浅，在准层序顶部之上水深突然增加。

(2)准层序组：在高水位体系域中，共划分出了4个准层序组。第一个准层序组包括4个准层序，从单砂层的厚度、粒度的变化趋势和砂、泥岩比来看，自下而上有变厚、变粗、变大趋势，因此定为进积式准层序组。第二个准层序组中，自下而上包括4个准层序，同第一个准层序组的特点类似，因此也定为进积式准层序组。第三个准层序组中，自下而上包括10个准层序，单砂层的厚度、粒度的变化趋势和砂、泥岩比基本上保持不变，因此定为加积式准层序组。第四个准层序组中，自下而上划分出5个准层序组，特征与第三个准层序组一样，因此准层序组的叠加类型定为加积式。这种由进积—加积的变化形式与标准层序地层学不同，标准海相为弱退积—加积—弱进积形式。这可能是由于陆相断陷盆地的特点引起的。

低水位体系域划分出5个准层序，第一个准层序组(由两个准层序组成)和第二个准层序组(由三个准层序组成)为进积式；第三个准层序组为加积式准层序组；第四个准层序组由3个准层序构成，属进积式；第五个准层序组由3个准层序构成，为退积式准层序组。湖侵体系域中，共划分出两个准层序组，均为退积式。

6)辛92井

井深 2327m 以下为高水位体系域，井深 2327m 到 2250m 为低水位体系域，井深 2250～2080m 为湖侵体系域。

(1)准层序划分：本井在高水位体系域中划分出 27 个准层序，低水位体系域中划分出 6 个准层序，湖侵体系域中划分出 15 个准层序。

(2)准层序组：在高水位体系域中，共划分出 5 个准层序组。第一个准层序组为进积式准层序组；第二个准层序组由 4 个准层序构成，也为进积式准层序组；第三个准层序组由 10 个准层序组成，自下而上从砂、泥岩比，砂岩的厚度看来，变化不大，因此准层序的叠加类型为加积式；第四个准层序组由 5 个准层序组成，为加积式；第五个准层序组由 5 个准层序组成，为加积式。

低水位体系域共划分出两个准层序组：第一个为进积式，第二个为退积式。

湖侵体系域中，共划分出 3 个准层序组，均为退积式。

7)草 13—77 井

井深 1340．0～1360．0m 为滨浅湖滩坝沉积，可划出 5 个准层序来。井深 1297．0～1305．0m 构成滩坝准层序，生物扰动强，这些准层序构成加积—退积式准层序组，是低水位体系域后期湖平面缓慢上升阶段所形成的。从井深 1297．0m 之上，沉积岩变为灰绿、灰色泥岩，页状灰岩和页岩，反映水体大规模加深，湖平面持续上升，属湖侵体系域。

8)坨 2—6—5 井

(1)相对析：坨 2—6—5 井取心井段为 2010．00～2303．40m，层位为沙一下至沙三上段，按岩性、构造、结构等沉积特征，自下至上可分为三段：

①井深 2301～2310m 属沙三上段。岩性主要为细砂岩、粉砂岩及灰色泥岩，其中夹一薄层介壳层，厚约 10cm，主要为螺类，破碎程度中等；在其上见有一完整的风暴岩似鲍马序列：S_a—递变层理，S_b—平行层理，S_c—丘状层理，S_d—水平层理。反映该段属于风暴沉积。

②井深 2165～2303．40m 属沙二下—沙三上段，该段属于三角洲沉积，主要标志有：

a. 泥岩的颜色为灰绿色、杂色、浅灰色，反映水体不深。

b. 岩石成分成熟度、结构成熟度中等，岩石类型以石英砂岩为主，分选中等，磨圆为次棱角—次圆状。

c. 粒度概率图表现以跳跃次总体为主，跳跃与悬浮总体的结点为 3ϕ～4ϕ，并且斜率较陡；C—M 图具牵引流特征。

d. 岩性主要为砂岩、粉砂岩、泥岩，其中炭质泥页岩发育。

e. 砂岩、粉砂岩、泥岩中发育生物潜穴、生物扰动层。

f. 层理构造丰富，类型多样，主要有槽状、楔状、板状、波状交错层理等。

由以上可以反映出该段属于三角洲沉积，其沉积剖面模式如图 7－8。

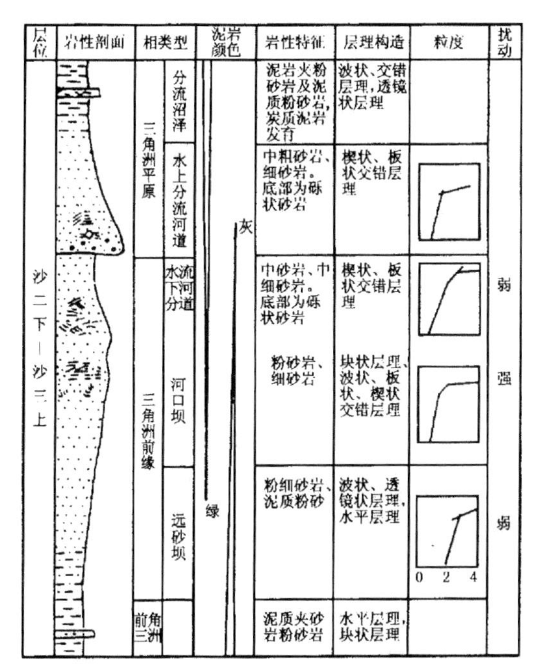

图 7－8　坨 2—6—5 井准层序模式

③井深2010～2165m，属沙一下—沙二上段，为辫状河—扇三角洲沉积，其主要标志有：

a. 岩性主要为砾岩、砾状砂岩、粉砂岩、泥岩。砾岩和砾状砂岩位于大套砂岩的底部，其厚度最大可达1m。此外炭质泥(页)岩也较发育。

b. 泥岩的颜色为灰绿色、灰色、杂色。

c. 岩石成分成熟度、结构成熟度中等偏低。岩石分选中等偏差，磨圆多呈次棱角状。

d. 生物扰动、生物潜穴较丰富。

e. 砾状砂岩、砾岩中发育有大型的斜层理，砂岩、粉砂岩中发育有波状层理、楔状交错层理等。

f. 粒度概率图总体上较平缓，但也有斜率较大的，其跳跃与悬浮次总体的结点偏细。C—M图上表现为过渡类型，以跳跃、悬浮式搬运为主。总体上反映密度流和牵引流兼有的特征，其中牵引流沉积占主导地位。

(2)准层序、准层序组和体系域：本井取心段可分出16个准层序。从单井分析图上可以看出，井深2310～2165m为三角洲准层序组叠加构成加积式准层序组。该准层序组边界之上为辫状河—扇三角洲准层序组，叠加方式为进积式。所以位于井深2165m处的界面(对应T_3反射)上下准层序组叠加方式不同，相带在垂向上不连续，湖岸线向盆地内部移动显著，湖平面有大规模下降的趋势，为层序边界。边界之下是高水位体系域，之上是第Ⅱ层序的低水位体系域。

3. 井间层序地层分析

井间层序地层分析是在单井层序地层分析的基础上，结合地震资料，追踪不同级序的层序地层单元在地下的分布状况。主要是追踪层序边界、体系域边界、准层序组边界和准层序边界等时间地层界面，是相变和储集砂体横向追踪最佳的方法。

1)金家—高青地区

以金23、金28、金9和高23井为例，其沙四下段位于层序Ⅰ

边界之上，属低水位体系域。从取心分析知，金 23 井岩性为杂色砾岩，灰色灰质砂岩，红色、杂色泥岩，泥质粉砂岩及砂质泥、泥质砂岩为主。砾石呈次圆、次棱角状，层理不佳，见冲刷—充填构造。

金 9、金 28 井岩性为玄武质砾岩，泥岩颜色呈浅灰、灰绿色，属扇三角洲水下平原—前缘沉积。向盆地更远的高 23 井相应的层位为灰色泥岩夹粉砂岩，属半深湖浊积岩。这样金 23—金 28—金 9—高 23 井构成了低水位体系域的洪积扇—扇三角洲—浊积岩沉积体系。

2)东辛地区高分辨率层序地层研究

对比井为新营 3、辛 92、辛 35、辛 9、辛 24—17、辛 24—10、辛 24—16、辛 53 八口井。对比时将 T_2 反射层(第Ⅱ层序最大湖泛面)拉平。T_2 为第Ⅱ层序的湖侵体系域与高水位体系域的边界，T_3 为第Ⅱ层序与第Ⅰ层序的边界，T_5(鼓包泥岩)为第Ⅰ层序高水位体系域与湖侵体系域的边界。在各井上根据地震资料定出深度并将各井的界面对比连线。

①第Ⅱ层序低水位体系域：低水位体系域的底面为地震 T_3 对应的界面，以不整合及与之相应的整合与下伏地层相接触。顶面为地震 T' 所对应的界面，为初次湖泛面，岩相粗，泥岩杂色，代表氧化环境。本体系域的形态为东厚西薄，厚度差别较大，即为楔状体沉积。在辛 53 井划分出 5 个准层序组，共 15 个准层序。因为 T_3 界面为风化剥蚀面，而在本剖面各处剥蚀程度又不一样，所以接受沉积的各处情况也不一样：在对下伏地层剥蚀强的地方沉积物厚度大，而相对隆起的地方则沉积薄。所以与辛 53 井紧挨的 24—16 井在低水位体系域只有 3 个准层序组，共 9 个准层序。辛 24—10、辛 24—17 井与之类似，辛 9 井由于断层的影响缺少沙二上、沙一下的大段地层。而且辛 9 井、辛 35 井沉积时的底界面比其他各处要低，反映了也是强烈剥蚀的地方。所以辛 35 井低水位体系域共有 4 个准层序组，13 个准层序。辛 43 井与新营 3 井处于高部位，因此沉积地层薄，划分出两个准层序组，共 6 个准层序。

单井层序地层学分析中,各井由进积式准层序组演变为退积准层序组,反映了低水位体系域湖平面快速下降、缓慢下降到缓慢上升的变化过程。在进行剖面对比时,由于 T_3 为风化剥蚀面,各处沉积时的底界面深度差别较大,而 T'_2 界面沉积区域上稳定,所以从上向下对比,从上向下数第 2 个准层序组中第 2 个准层序的砂体在辛 24—17 中自然电位曲线为高幅箱形,表明粒径变化不大,分选好,反映了三角洲前缘河口坝亚相。因为河流带来的沉积物以前积形式堆积在底积层上,坝的前方和上部受到波浪的筛选,所以颗粒粗,分选好。而向东辛 24—10 井、辛 24—16 井中曲线形态齿化加强,且依次减薄,而在辛 53 井中砂体尖灭,向西也类似。辛 35 井处砂体最厚,曲线特征为反粒序漏斗型,也反映了河口坝沉积向西砂体变薄,甚至尖灭。

②第Ⅱ层序湖侵体系域:湖侵体系域的顶界岩性上为油页岩夹生物碎屑灰岩,石灰岩形成于开阔湖泊环境,代表湖泛。这时水体最深,陆源物质供给不足,为欠补偿,湖水覆盖面积大。该体系域由 3 个退积式准层序组组成。各个准层序组中的准层序数分别为 4,4,7 个。准层序组的厚度自东向西都有变薄的趋势,准层序中砂体的厚度自东向西也有变薄的趋势,西边的新营 3 井处砂体最薄。在向上每一个准层序组中砂层不断变薄,粒径也明显变细,泥质含量增多,反映了水体向上不断加深、岸线后退的沉积环境。例如辛 53、辛 24—16、辛 24—10、辛 24—17、辛 35 井的 SP 曲线形态具反粒序特征,呈漏斗型,齿中线向外收敛,为三角洲前缘分支河口砂坝亚相,到辛 92 井处砂体厚度明显变薄,曲线形态近似指状,到新营 3 井处不再发育砂层,为前三角洲泥沉积。

③高水位体系域:快速湖侵之后,湖平面由慢速上升转为慢速下降,在这一时期,陆源物质供给丰富,沉积速度快,所以地层厚度大。高水位体系域下界为下超界,上界为下一个层序的边界。这里 T_6 为底界,T_3 为顶界。正常的高水位体系域通常早期由加积式准层序组所组成,晚期由一个或多个弱进积式准层序组所组成,但是本次研究在本体系域中划分出的准层序组的叠加方式底部为

进积式准层序组，中部为加积式准层序组，后期个别井中见进积式准层序组。两者的不同，反映了海相层序地层学与中国陆相断陷湖盆的不同，高水位体系域常被上覆层序边界所削蚀。在本地区地震 T_3 界面所代表的就是这样一个面，且在剖面上不均衡。

总的来说，西边削蚀程度低，古地势高。东边削蚀程度高，古地势低。由于这种差异，造成高水位体系域在各井划分的准层序组的数目不同。在辛53井划分了4个，辛24—16井7个，辛24—10井6个，辛24—17井6个，辛9井4个，辛35井4个，辛92井5个，新营3井5个，各准层序组内部准层序的个数从下上到分别为4,4,10,5,7,2个。准层序组的厚度从东向西变化不大，但大部分准层序及其砂体的厚度自东向西有变薄的趋势。或者先由薄变厚到辛9井附近再由厚变薄，个别有变厚的趋势。现以(从下数)第1准层序组第4准层序的砂体变化为例说明。在辛53井中SP曲线为箱状，反映粒度粗，分选好的河口坝沉积。辛24—17井的砂层厚度变薄。辛9井处SP曲线形态呈正韵律的钟形，齿中线内收敛，为三角洲平原分支河道亚相。辛35井处SP曲线为典型的正韵律特点，曲线为钟形，上部细齿增多，齿中线近平行，为三角洲平原分支河道亚相，到辛92井处SP曲线为反韵律，为河口坝沉积。新营3井处SP曲线形态呈反韵律，为河口坝沉积，延伸至辛92井，砂体呈透镜体分布。第2准层序组第1个准层序有变化，在辛53井中SP曲线为正韵律，齿中线内收敛，为三角洲平原分流河道亚相。辛24—17、辛9、辛35井中SP曲线形态均为反韵律，反映河口坝沉积，平面上呈透镜状分布，到辛92井、新营3井砂体几乎尖灭，沉积环境逐步过渡到前三角洲泥沉积。

图7-9、图7-10、图7-11分别为第Ⅰ层序高水位体系域、第Ⅱ层序低水位体系域和湖侵体系域中以准层序为单位编制的大比例尺、高分辨率岩相古地理图。

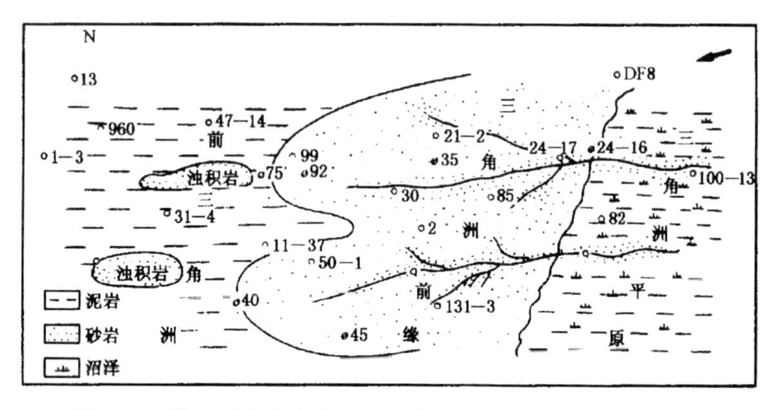

图 7-9　第Ⅰ层序高位域以准层序为单位编制的高分辨率岩相古地理图(箭头指示水流方向,比例尺见图 7-11)

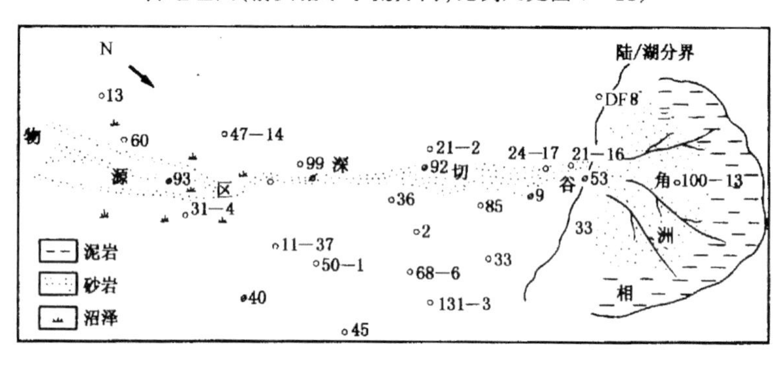

图 7-10　第Ⅱ层序低位域以准层序为单位编制的高分辨率岩相古地理图(箭头指示水流方向,比例尺见图 7-11)

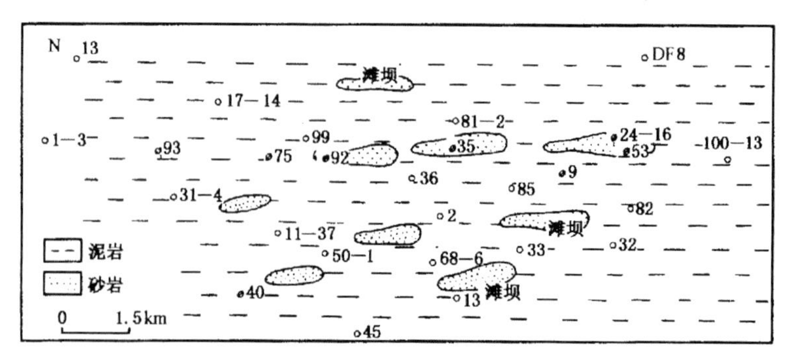

图 7-11　第Ⅱ层序湖侵域以准层序为单位编制的高分辨率岩相古地理图

附　　录

全国主要沉积盆地地层顺序表(示意)

一、东北勘探区

1. 松辽盆地

地层				厚度 m
群系	统	组	段	
第四系			Q	0～143
第三系		泰康组	Nt	0～165
		大安组	Nd	0～123
		依安组	$E_{2-3}y$	0～256
松花江群	上统	明水组	K_2m	0～624
		四方台组	K_2s	0～413
	下统	嫩江组	K_1n_5	0～355
			K_1n_4	0～290
			K_1n_3	50～117
			K_1n_2	80～252
			K_1n_1	27～198
		姚家组	K_1y_{2+3}	15～150
			K_1y_1	10～60
		青山口组	K_1qn_{2+3}	80～552
			K_1qn_1	40～100
		泉头组	K_1q_4	0～128
			K_1q_3	0～521
			K_1q_2	0～479
			K_1q_1	0～1181
		登娄库组	K_1d	0～1562
侏罗系			J	0～>1200
石炭—二叠系			C—P	
前震旦系			Anz	

2. 松辽盆地开鲁坳陷

地层			
界	系	组	代号
新生界	第四系		Q
	第三系		R
中生界	上白垩统	明水组	
		四方台组	
	下白垩统	嫩江组	
		姚家组	
		青山口组	
		泉头组	
	上侏罗系	兴隆洼组	
		杨树沟组	
		奈曼杖子组	
		房申组	
古生界	石炭—二叠系		

3. 三江盆地

地层			
界	系	群或组	代号
新生界	第四系		
	上第三系		
	下第三系	宝泉岭组	$E_{2-3}b$
中生界	上白垩统		K_2
	下白垩统	桦山群	K_1hs
	上侏罗系	鸡西群 穆棱组	J_3m
		鸡西群 城子河组	J_2ch
	中下侏罗系	二道河子群	$J_{2-3}rd$
	上三叠系		T_3
古生界	石炭—二叠系	大带河群	C—Pdd

4.海拉尔盆地

地层						厚度
界	系	统	群	组	代号	m
新生界	第四系				Q	20~73
	第三系	上统		呼查山统	N	30~200
中生界	白垩系	上统		青元岗统	K_2	334
	侏罗系	上统	扎诺脊尔	伊敏组	J_3^5zy	550
				大磨拐河组	J_3^4zb	530~1170
			兴安岭	甘河组	J_3^3xg	320~530
				九峰山组	J_2^3xj	150~200
				龙江组	J_3^1xt	580~1480
		中统	颜家沟群	南平组 太平川组	J_2y	650~1470
		下统		查伊河组	J_1	210~1070
古生界	石炭—二叠系			新南沟组	$C_3—P_1x$	1930
					C_1	>430
	泥盆系	上统			D_3	1680
		中统			D_2	880
	志留系	上统		卧都河组	S_3w	700
	奥陶系	下统			O_1	800
	寒武系	中统			E_2	>1000
		下统			E_1	>800
元古界	前寒武系				Ant	不详

5.内蒙古二连盆地

界	系	统	群	组	代号	厚度,m
新生界	第四系	全新统				大于15
		更新统				大于299
	第三系	上新统		宝格达乌拉组	N_2b	26
		中新统		通古尔组	N_1t	60
		渐新统			E_3	72
		始新统		阿力乌苏组	E_2a	42
		古新统		脑木根组	E_1n	大于17

续表

界	系	统	群	组	代号	厚度,m
中生界	白垩系	上白垩统		锡林格勒组 二连达布苏组	K_2x K_2er	986 出露 13
		下白垩统		查干里门诺尔组	K_1ch	大于 106
	上侏罗—下白垩		巴彦花群		J_3—K_1bg	大于 1500
	侏罗系	上侏罗统		布拉根哈达组 道特诺尔组 查干诺尔组	J_3b_1 J_3dh J_3ch	120～1080 760～2470 1470～1620
		中下侏罗统	巴彦敖包群		$J_{1-2}bg$	最厚 4150
上古生界	二叠系	上二叠统 下二叠统		包尔敖包组	P_2b P_1	1600～3720 1100～7600
	石炭系	上石炭统 中石炭统 下石炭统		阿木山组 木巴图组 散木根呼都格组	C_3q C_2b C_1a	980～3200 2000～3380 917
	泥盆系	上泥盆统 中泥盆统		包日巴彦 敖包组	D_3s D_2	460～4490 330～1230
下古生界	志留系	上志留统 中下志留统	巴特 敖包群		S_3bk S_{1-2}	560～2700 400～1840
	寒武—奥陶系		温都尔 庙群		$\in$— OW	2200～ 11000

注:三叠系缺失。

6.下辽河坳陷

地层				地层			
界	系	统	组	界	系	统	组
新生界	第四系		平原组	中生界	白垩—侏罗系		
	上第三系		明化镇组				
			馆陶组				
	下第三系	渐新统	东营组	古生界			
			沙河街组				

二、华北、山东勘探区(地层包括渤海)

1.第三系

地层					
界	系	统	组	段	厚度,m
新生界	第四系	更新统	平原组		20~600
	上第三系	中新统	明化镇组		600~1800
	下第三系		馆陶组		200~1000
	下第三系	渐新统	东营组		300~1200

地层					
界	系	统	组	段	厚度,m
新生界	下第三系	渐新统	沙河街组	沙一段	100~370
				沙二段	150~270
				沙三段	320~1000
				沙四段	300~1000
		始新统	孔店组		400~1600

2.中生界以下地层

中、古生界地层			
界	系	组	符号
中生界	白垩系	夏庄组	K_1x
		芦尚坟组	K_1l
		坨里组	K_1t
	侏罗系	辛庄组	J_3x
		大灰厂组	J_3dh
		东岭台组	J_3d
		髫髻山组	J_2t
		九龙山组	J_2j
		龙门组	J_2l
		窑坡组	J_1y
		南大岭组	J_1n
		杏石口组	J_1x
	三叠系	流泉组	T_2l
		和尚沟组	T_1h
		刘家沟组	T_1l

中、古生界地层			
界	系	组	符号
下古生界	奥陶系	亮甲山组	O_1^2
		冶里组	O_1^1
	寒武系	凤山组	$\in_3^3$
		长山组	$\in_3^2$
		崮山组	$\in_3^1$
		张夏组	$\in_2^3$
		徐庄组	$\in_2^2$
		毛庄组	$\in_2^1$
		馒头组	$\in_1^2$
		府君山组	$\in_1^1$
震旦亚界	青白口系	景儿峪组	Zg^3
		龙山组	Zg^2
		下马岭组	Zg
	蓟县系	铁岭组	Zi^4
		洪水庄组	Zi^3

续表

中、古生界地层			
界	系	组	符号
上古生界	二叠系	石千峰组	P_2^2
		上石盒子组	P_2^1
		下石盒子组	P_1^2
		山西组	P_1^1
	石炭系	太原组	C^3
		本溪组	C^2
下古生界	奥陶系	峰峰组	O_2^3
		上马家沟组	O_2^2
		下马家沟组	O_2^1

中、古生界地层			
界	系	组	符号
震旦亚界	蓟县系	雾迷山组	Zj^2
		杨庄组	Zj^1
	长城系	高于庄组	Zc^5
		大红峪组	Zc^4
		团子山组	Zc^3
		串岭沟组	Zc^2
		常州沟组	Zc^1
太古界			

注：济阳坳陷中奥陶系八陡组相当于冀中坳陷峰峰组。

三、苏、浙、皖勘探区

1. 苏北盆地

地层			厚度 m
界	系	组	
新生界	第四系	东台组	317
	上第三系	盐城组 Ny	1370
	下第三系	三朵组 Es	1281.5
		戴南组 Ed	436.5
		阜宁组 Ef	1976.3
	下第三系	泰州组	413
	上白垩系		
中生界	白垩系	赤山组 K_2c	400～500
		浦口组 K_2p	500～900
		葛村组 K_1g	720
	侏罗系	大王山组 J_3^3	1866
		云合山组 J_3^2	223
		龙王山组	399
		象山组 J_{1+2}	1200～1300
	三叠系	黄马青组 T_3	＜100
		青龙组 T_{1+2}	260

地层			厚度 m
界	系	组	
古生界	石炭系	老虎洞组 C_1^4	6～12
		和州组 C_1^3	2～18
		高骊山组 C_1^3	296
		金陵组 C_1^1	＞19
	泥盆系	五通组 D_3	＞29
		茅山群 D_{1+2}	0～27
	志留系	坟头群 S_{2+3}	349
		高家边组 S_1	300～800
	奥陶系	五峰组 O_3^2	7
		汤头组 O_3^1	25
		汤山组 O_2	31
		大湾组 O_1^3	40
		红花园组 O_1^2	＞310
		仑山组 O_1^1	270
	寒武系	观音台组 $∈_3$	＞774
		炮台山组 $∈_1$	175
		幕府山组 $∈_2$	

续表

地层			厚度 m	地层			厚度 m
界	系	组		界	系	组	
古生界	二叠系	大隆组 P_2^2 龙潭组 P_2^1 孤峰组 P_1^2 栖霞组 P_1^1	24 51 63 >172	古生界	震旦系	煤炭山组 Zb_2 马迹山组 Zb_1 嘉山组 Za_2 高桥组 Za_1	>541 257 322 >170
	石炭系	船山组 C_3 黄龙组 C_2	745 718		前震旦系		

2. 苏、浙、皖古生代沉积岩区

系	统 群	钱塘地区 组	下扬子地区 组
侏罗系	下统	象山组 J_1xn	$J_{1-2x}n$
三叠系	黄马青群 青龙群	T_1—2(683)	J_{1-3h}(856) 上青龙组 T_2s(1039) 下青龙组 T_1x(193)
二叠系	上统	长兴组 P_2ch(52) 龙潭组 P_2l(280)	大隆组 P_2d(24) 龙潭组 P_2l(51)
	下统	丁家山组 P_1d(293) 栖霞组 P_1q(253) 梁山组 P_1l(3)	孤峰组 P_1g(63) 栖霞组 P_1q(172)
石炭系	上	船山组 C_3ch(205)	船山组 C_{3c}(49)
	中	黄龙组 C_2h(211)	黄龙组 C_{2h}(90)
	下统	叶家塘组 C_1y(44) 珠藏坞组 C_1z(100)	和州组 C_1h(18) 高骊山组 C_1g(47) 金陵组 C_1j(9)
泥盆系	上统	西湖组 D_3x(641)	五通组 D_3w(167)
志留系	上	唐家坞组 S_3(213)	茅山组 S_3m(27)
	康山群	S_2h(202)	坟头组 S_2f(390)
	下统	大白地组 S_1d(1280) 安吉组 S_1a(1251) 堰口组 S_1y(117)	高家边组 S_1g(867)

系	统 群	钱塘地区 组	下扬子地区 组
奥陶系	上统	文昌组 O_3W(383) 长坞组 O_3ch(1930) 黄泥岗组 O_3h(60)	五峰组 O_3w(5) 汤头组 O_3t(19)
	中统	砚瓦山组 O_2g(25) 胡乐组 O_2h(33)	汤山组 O_2t(47)
	下统	宁国统 O_1n(201) 谭家桥组 O_1t(589)	大湾组 O_1d(40) 红花园组 O_1h(76) 仑山组 O_1l(94)
寒武系	上统	西阳山组 $\in_3x$(350) 华严寺组 $\in_3n$(149)	观音台组 $\in_3g$(288)
	中	杨柳岗组 $\in_2g$(202)	炮台山组 $\in_2p$(175)
	下统	大陈岭组 $\in_1d$(261) 荷塘组 $\in_1n$(180)	幕府山组 $\in_1m$(181)
震旦系	上统	西峰寺组 Z_2^2x(718)	灯影组 Z_1dn(519) 陡山沱组 Z_2d(758)
	下统	雷公坞组 Z_2^1l(118)	

3.福建沉积盆地

地层				
系	统	群	组	厚度,m
第四系			Q	30~100
第三系		佛县群 赤石群	N E	21~195 1741~1962
白垩系	上 下		沙县组 K_2 板头组 K_1	240~3238 200~1071
侏罗系	上统	兜岭群	上组 上段 $J_3{}^2b$ 上组 下段$_3{}^2a$	620~2500 40~1234
			下组 上段 $J_3{}^1b$ 下组 下段 $J_3{}^1a$	800~2300 25~1900
	中	漳平群	J_2	869~2933
	下	梨山群	J_1	566~2862
三叠系	中	安仁群	T_2	1100~1308
	下统		溪尾组 T_1 溪口组 T_1x	398~727 1335~1960
二叠系	上统		长兴组 P_2c 大隆组 P_2d 龙潭组 P_2l	24~142 635~1174
	下统		文笔山组 P_2w 栖霞组 P_1g	58~310 63~171
石炭系	上 中 下		船山组 C_3c 黄龙组 C_2h 林地组 C_1	15~193 169~294 182~500

4. 台湾沉积盆地

地层				
系	统	群	组	层(厚度,m)
第四系	更新统			>220
第三系	更新统—上新统		巅山科组	1150
	上新统		苗栗组	卓兰层 1400 锦水页岩层 500
	中新统	海山群	三峡组	桂竹林层 900 上含煤层 500
			基隆组	上部海相化石层800 中含煤层 500
			新店组	公馆凝灰岩层0~900 下部海相化石层350 下含煤层 520 青潭层 250
	渐新统—始新统		红头屿组	800
			乌来组	>2200
		苏澳群		600
中生界—古生界			碧候组	20~100
		大南澳群		

四、新疆勘探区

1. 准噶尔盆地

地层				厚度
界	系	统	组	m
新生界	新第三系 N	上新统 N_2		60~400
		中新统 N_1	上绿色组 N_1^2 褐色组 N_1^1	328 337
	老第三系 E	渐新统 E_3	下绿色组 E_3	491
		古始新统 E_{1+2}	红色组 E_{1+2}	69

地层				厚度
界	系	统	组	m
中生界	三叠系 T	上三叠统 T_3	黄山街组 T_3^2 白杨河组 T_3^1	690 556
		中下三叠统 T_{1+2}	烧房沟组 T_{1+2}^4 韭菜园子组 T_{1+2}^3 梧桐沟组 T_{1+2}^2 泉子街组 T_{1+2}^1	1160

续表

地层				厚度
界	系	统	组	m
中生界	白垩系 K	上统 K_2	东沟组 K_2	486
		下统 K_1	吐谷鲁组 K_1	1282
	侏罗系 J	上统 J_3	克拉扎组 J_3^2 齐古组 J_3^1	87 1523
		中统 J_2	西山窑组 J_2^2 三工河组 J_2^1	1120 809
		下统 J_1	八道湾组 J_1	1081

地层				厚度
界	系	统	组	m
古生界	二叠系 P	上二叠统 P_2	上灰绿色组 P_2^4 油页岩组 P_2^3	1092
			下绿色组 P_2^2 长石砂岩组 P_2^1	616 235
		下二叠统 P_1		0～3500
	石炭系			236
	泥盆系			

2.塔里木盆地

地层				厚度
界	系	统	组	m
新生界	上第三系	上新统	N_2^2-Q 苍棕色组 N_2^1	26～3022
		中新统	杂色层组 N_1^2 N_1^1	208～3403
	下第三系	始渐新统 始新 古新	E_{2-3} E_2 E_1	101～1679
中生界	白垩系	上统 下统	K_2 K_1	0～1757 0～1768
	侏罗系	上统 中下统	J_3 J_{1-2}	0～1035 167～3615
	三叠系	上中下统	T_{1+3}	0～1937
	二叠系	上下统	P_{1+2}	0～4661

地层				厚度
界	系	统	组	m
古生界	石炭系	上统 中下统	C_3 C_{1+2}	28～125 0～3148
	泥盆系	上中下统	D_{1+3}	297～2263
	志留系		S	167～1491
	奥陶系		O	17～407
	寒武—奥陶		秋立塔克组 $\in_3—O_2$	71～1203
	寒武系		$\in_{2-3}$ $\in_1$	337～465 363～805
	震旦系	育青沟统	Z_4^3 砂页岩组 Z_4^{1+2}	382 1140
			泥质冰碛组 Z_{1+2}	690

3. 准噶尔盆地西北缘

界	系	统	群	组
新生界	第四系	全新统 更新统 $Q—N_2$		平原组
	上第三系	上新统 N_2 中新统 N_1		苍棕色组 索索泉组
	下第三系	渐新统 E_3 古新统 E_{1-2}		乌伦古组 红砾山组
中生界	上白垩系 K_2			艾里克组
	下白垩系 K_1		吐谷鲁群	上条带 灰绿 下条带
	侏罗系	上侏罗 J_3		齐古组
		中侏罗 J_2		头屯河组 西山窑组 三工河组
		下侏罗 J_1		八道湾组
古生界	三叠系	上三叠 T_3		白碱滩组
		中下三叠系 T_{1+2}	克拉玛依群	克上油组 克下油组
	二叠系	上二叠 P_2 下二叠 P_1	乌尔禾群	灰绿色组 红棕色组
	石炭系			

4. 塔里木盆地西南坳陷

地层 界	系	统	组	代号	厚度，m
	第四系			Q	
新生界	上第三系		西域砾岩组 苍棕色组	$N_2^2—Q$ N_2	700～3744 1386～3464
			玛萨盖特组：上褐色 杂色 下褐色	N_1	475～3129
	下第三系		利什坦—苏木萨尔组 土尔克斯坦组 阿莱伊组 苏扎克组 布哈尔组	E E_2^2 E_2^1 E_1^2 E_1^1	261～801 12～120 36～123 17～256 21～438

续表

地层				代号	厚度,m
界	系	统	组		
中生界	白垩系		赛诺—达特组 土仑组 赛诺曼组	K_2^3 K_2^2 K_2^1	10～143 28～260 12～1292
			砖红色砂岩组 褐红色砾岩组	K_1	12～506
	侏罗系		杂色条带组	J_3	44～708
			含煤砂页岩组 页砂岩组 砾岩砂岩组	J_{1+2}	282～2027

五、陕甘宁勘探区

1. 三叠系以上地层

地层							
界	系	统	组	层	符号	油层号	厚度,m
新生界	第四系				Q_{14}		350
	第三系				N_{1+2}		0～500
中生界	下白垩系	志丹统	泾川罗汉洞		K_{5+6}		25～500
			环河华池		K_{3+4}		42～700
			洛河宜君		K_{1+2}		95～450
	侏罗系	中统	安定		J_2a		250
			直罗	J_2c			300
		下统	延安	J_1y	延$_{1-10}$		550
			富县	J_1f			100
	上三叠系	延长统		五 四 三 二上 二下 一	长$_1$ 长$_{2-3}$ 长$_{4-7}$ 长$_8$ 长$_9$ 长$_{10}$		0～200 0～200 300 250 300 250
	中下三叠系	纸坊统					400～700

2. 古生界以下地层

地层				
界	系	统	组	厚度,m
古生界	上二叠	石千峰		500
	中下二叠	石盒子		450
	下二叠	山西		120
	中上石炭	太原		240
		羊虎沟		150
	奥陶系	上统	背锅山	344
		中统	平凉 上马家沟	920 250
		下统	下马家沟 亮甲山 冶里	200 118 63
	寒武系	上统	风山 长山 崮山	48 11 96
		中统	张夏 徐庄	136 130
		下统	毛庄 馒头 苏峪口	42 82 76
元古界	震旦亚界	青白口系 蓟县系 长城系		51.5 812.5 300

六、甘、青、藏勘探区

1. 酒泉盆地

地层					厚度,m
界	系	统	群	组	
	第四系			酒泉组 Qhj	100
新生界	上第三系			玉门组 N_2y	650
		上新统	疏勒河群 N_2s	牛套胳组 N_2s_3 胳沟塘组 N_2s_2 弓山形组 N_2s_1	450 570 430
		中新统	白杨河群 N_1b	乾泉油组 N_1b_3 石油沟组 N_1b_2 间子泉组 N_1b_1	250 50 80
	下三第系		火烧沟群 Eh		450

续表

地层					厚度,m
界	系	统	群	组	
中生界	白垩系	下垩白统	下新民堡群 K_1x		1080
	侏罗系	上侏罗统 中下侏罗统	赤金堡群 J_3c 龙风山群 $J_{1+2}l$		570 240
	三叠系		西大沟群 Tx		1060
上古生界	二叠系	上二叠统 下二叠统	窑沟群 P_2y 大黄沟群 P_1d		460 190
		上石炭统 下石炭统	太原群 C_3t 臭牛沟组 C_1c		190 390
下古生界					

2.柴达木盆地

地层					
界	系	统	组	符号	厚度,m
新生界	第四系		七个泉组	Q_{1+2}	0～2400
	第三系	更新统	狮子沟组	N_2^3	523
		上新统	上油砂山组 下油砂山组	N_2^2 N_2^1	1418 897
		中新统 渐新统 古始新统	上干柴沟组 下干柴沟组 路乐河组	N_1 E_3 E_{1+2}	848 1030 1040
中生界	白垩系		犬牙沟组	K	870
	侏罗系	上统 中统 下统	采石岭组 大煤沟组 小煤沟组	J_3^2 J_2 J_1	125 1028 88

3.西藏北部地区地层

界	系	统群	组	厚度,m	界	系	统群	组	厚度,m
新生界	第四系			0～200	中生界	白垩系	多巴群	门特洛子组	1810
	上第三系	伦坡拉群	伦坡拉组	327		侏罗系	唐古拉群	雪山组	2156
			丁青组	1218				安多组	2017
			牛堡组	1323				温泉组	>848
	下第三系		的欧组	627		三叠系	班戈湖群		3770
	白垩系		渠生堡组	533	古生界				

七、四川勘探区

四川盆地

系	统	组	代号	厚度,m
第四系			Q	10~50
第三系			R	10~50
白垩系	上统	灌山组	K_3	200~300
		夹关组	K_2	400~800
	下统	天马山组	K_1	500~800
侏罗系	上统	蓬莱镇组	Jc^4	400~800
	中统	遂宁组	Jc^3	200~400
		沙溪庙组	Jc^1-c^2	800~1500
	下统自流井群	凉高山组	Jt^5	30~100
		大安寨组	Jt^4	30~100
		马鞍山组	Jt^3	20~50
		东岳庙组	Jt^2	30~50
		珍珠冲组	Jt^1	100~150
三叠系	上统	须家河组（香溪）	Tx^1-Tx^4	500~1000
	中统	雷口坡组	Ty^1-Tx^4	100~1000
	下统	嘉陵江组	Tc^1-Tc_5	500~700
		飞仙关组	Tf^1-Tf^4	400~600
二叠系	乐平统	长兴组	P_2^2	50~200
		龙潭组	P_2^1	50~200
		茅口组	P_1^3	200~300
	阳新统	栖霞组	P_1^2	100~150
		梁山组	P_1^1	10
石炭系	船山统		C_3	0~100
	黄龙统		C_2	0~100
	总长沟统		C_1	0~100
泥盆系	上统		D_3	0~1000
	中统		D_2	0~1500
	下统		D_1	0~1000
志留系	中统		S_2	100~500
	下统		S_1	200~600
奥陶系	上统		O_3	10
	中统		O_2	20~50
	下统		O_1	200~500
寒武系	中上统		$\in_{2-3}$	400~1000
	下统	龙王庙组	$\in_1^3$	100~200
		沧浪铺组	$\in_1^2$	100~300
		筇竹寺组	$\in_1^1$	100~400
震旦系	上统	灯影组	Zb^2	400~1000
		陡山沱组	Zb^1	10
	下统		Za^1	>300
前震旦系			Anz	>2000

八、鄂、豫、湘、赣勘探区

1.河南省中岸凹陷

界	系	统	组	厚度,m
新生界	上第三系		明化镇	1189~1429
			馆　陶	621~718
	下第三系		东　营	186~426
			沙一段	186.5~402.5
			沙二段	491
			沙三段	

2. 河南省三门峡盆地柳林河下第三系

地层				厚度,m
界	系	统	组	
新生界	下第三系		柳林河组	617.2
			小安组	627.5
			坡底组	712
			门里组	559
	震旦系			

3. 河南省板桥盆地

地层				厚度,m
界	系	统	组	
新生界	下第三系		疗庄组	
		核桃园组	核一段	
			核二段	
			核三段	
			大仓房组	

4. 河南省洛阳盆地义马三叠、侏罗系

地层				厚度,m
界	系	统	组	
中生界	侏罗系		鞍腰组	571.4
	三叠系	延长群	谭庄组	370.7
			椿树腰组	869.0
			油房庄组	561.7
		二马营群		459.0
古生界	二叠系	石千峰组		

5. 河南省太康隆起

地层				厚度,m
界	系	统	组	
新生界	上第三系		明化镇组	589
			馆陶组	379.5
	下第三系		东营组	309.0
上古生界	二叠系	上统	上石盒子组	674.5
		下统	下石盒子组	87.5
			山西组	27.5
	石炭系	上一中统	太原群—本溪群	130.5
下古生界	奥陶系	中统	马家沟组	384
	寒武系	上统		194
		中统	张夏组	158
			徐庄组	133.5
			毛庄组	86.5
		下统	馒头组	108
			辛集组	90
前寒武系				

6. 河南沉积盆地

地层				厚度,m
系	统	组	代号	
第四系		平原组	Q	0～355
上第三系		上寺组	N	480～500
下第三系		廖庄组	El	200～600
		核桃园组	Eh	1550～2300
		大仓房组	Ed	265～785
		玉皇顶组	Ey	216

续表

地层				厚度,m
系	统	组	代号	
白垩系	上统		K_2	872
	下统		K_1	855
侏罗系	上统		J_3	74～451
	中统		J_2	220
	下统	义马组	J_1	74～245
三叠系	上三叠统	谭庄组	T_3t	185～750
		椿树腰组	T_3c	966
		油房庄组	T_3y	870
	中下三叠统	二马营群	$T_{1-2}er$	610
二叠系	上统	石千峰组	P_2sh	435～660
		上石合子组	P_2s	300～554
	下统	下石合子组	P_2s	40～276
		山西组	P_2sh	26～100
石炭系	上—中统	本溪群—太原群	C_{2+3}	20～80
奥陶系	中统	下马家沟组	O_2^2	120
		贾汪组	O_2^1	5～30
寒武系	上统	风山组	$\in_3f$	83
		长山组	$\in_3c$	39
		固山组	$\in_3g$	50～100
	中统	张夏组	$\in_2jh$	40～280
		徐庄组	$\in_2x$	50～240
		毛庄组	$\in_2m$	28～96
	下统	馒头组	$\in_1m$	32～149
		朱砂洞组	$\in_1x$	57
		关口组	$\in_1g$	12

续表

地层				厚度,m
系	统	组	代号	
震旦系	上统	罗圈组	Z_3lg	305
		洛峪口组	Zl	150～250
		三教堂组	Z_3s	50～100
		崔庄组	Z_3c	110～2200
	中统	北大尖组	Z_2bd	130～411
		白草坪组	Z_2b	140～215
		云梦山组	Z_2y	188～978
	下统	龙脖组	Z_1l	749
		马家河组	Z_1m	1282
		鸡旦坪组	Z_1j	650
		许山组	Z_1x	3391.7
元古界			Ptw	

7.湖北沉积盆地

地层			
系	组	段	厚度,m
第四系	平原组		
上第三系	广华寺组 N		250～900
下第三系	荆河镇组 Ee		300～1000
	潜江	一段 二段	100～500 100～600
	组 Eg	三段 四段	100～600 500～2000
	荆沙组 Ej		600～1000
	新沟咀	一段 二段	400～700 300～700
	组 Ex	三段	570～600
白垩系 K	跑马岗组 红花套组 罗镜滩组 五龙组 石门组		400～800

系	统	组	厚度,m
侏罗系	重庆	J_3	
	自流井统	凉高山大鞍寨组 J_2^{4+5} 马鞍山组 J_2^3 东岳庙组 J_2^2 珍珠冲组 J_2^1	256 64 99 149
	香溪	J_1	248
三叠系	中统	巴东组 T_2^2 嘉陵江组 T_2^1	400 1500 600 800
	下统	飞仙关组 T_1	500 800
二叠系	乐平	长兴组 P_2^2 龙潭组 P_2^1	317 53
	阳新统	茅口组 P_1^3 栖霞组 P_1^2 P_1^1	188 143 15
泥盆	上中	黄家磴 D_3 云台观 D_2	33 20
志留系	沙帽群 S_3 罗惹坪群 S_2 龙马溪群 S_1		215 687 527
奥陶系	上统	五峰组 O_3^2 临湘组 O_3^1	7 11
	中	宝塔组 O_2^3 庙坡—牯牛潭组 O_2^{1+2}	10 35
	下统	大湾组 O_1^4 分乡组/红花园 O_1^{2+3} 南津关 O_1^1	6 79 116
寒武系	三游洞群 $\in_3$		276
	覃家庙群 $\in_2$		983
	下统	石龙洞组 $\in_1^4$ 天河板组 $\in_1^3$ 石牌组 $\in_1^2$ 水井沱组 $\in_1^1$	116 208 491 516
震旦系	上统	灯影组 Z_2^2 陡山沱组 Z_2^1	92 65
	下	南沱冰碛层 Z_1	

8.湖南沉积盆地

地层 界	系	统	组	段	厚度,m
新生界	第四系				5~135
	第三系	渐新统			0~179
		古新统E	新河口组		>158
			常德组	三段	222~364
				二段	250~508
				一段	150~297
			沅江组	二段 上	190~220
				二段 中	90~205
				二段 下	90~204
				一段	480
中生界	白垩系	上统 K_2	分水坳组	三段	400
				二段	220
				一段	480
		下统 K_1	三阳巷组		968
			代家冲组		1438
	三叠系	中统 T_2	大旺坪组		673
		下统 T_1			455~849
	二叠系	上统 P_2			115~758
		下统 P_1			100~820
古生界	石炭系	上统 C_3			130~590
		中统 C_2			170~450
		下统 C_1			448~174
	泥盆系	上统 D_3			230~1400
		中统 D_2			243~1481
	志留系	上统 S_3			145~1700
		中统 S_2			190~1170
		下统 S_1			300~1220
	奥陶系	中上统 O_{2+3}			20~380
		下统	O_1		173~464
	寒武系	上统	$\in_3$		473~1380
		中统	$\in_2$		447~990
		下统	$\in_1$		150~1620
	震旦系	上统	Z_2		150~502
		下统	Z_1		5~556
元古界	扳酒群				

9. 江西沉积盆地

界	系	统	阶	组	代号	厚度,m
新生界	第四系				Q	0～50
	下第三系	渐新统		临江组	E_1	0～419
		始新统		清江组	E_2	676～2302
中生界	白垩系	上统			K_2	0～3578
		下统		周家店组	K_1^2	0～1245
				冷水坞组	K_1^1	3216
	侏罗系	上统		熊家村组	J_3	0～397
		中统		双峰岭组	J_2	0～492
		下统		林山群	J_1	0～1875
	三叠系	上统		安源组	T_3	110～723
		中统		杨家组	T_2	454
		下统		大冶组	P_1	45～525
上古生界	二叠系		长兴阶		P_2C	50～500
			龙潭阶		P_2L	60～350
			茅口阶		P_1m	33～408
			栖霞阶		P_1g	68～292
	石炭系	上统		船山组	C_3	50～395
		中统		黄龙组	C_2	7～320
		下统		梓山组	C_1^2	50～167
				华山岭组	C_1^1	165～393
	泥盆系	上统		锡矿山组	D_3^2	91～799
				余田桥组	D_3^1	110～600
		中统		棋子桥组	D_2^2	20～640
				跳马涧组	D_2^1	126～697

界	系	统	阶	组	代号	厚度,m
下古生界	志留系	上统		西坑组	S_3^2	100～600
				夏家桥组	S_3^1	346～681
		中统		桥头组	S_2^2	142～1284
				殿背组	S_{21}	519～1460
		下统		梨树窝组	S_1	59～1231
	奥陶系	上统		五峰组	O_3^2	4～18
				黄泥岗组	O_3^2	1～15
		中统		泥瓦山组	O_3^1	3～320
				胡乐组	O_1^2	3～34
		下统		宁国组	O_1	9～275
				印渚埠组	O_1^1	305～700
	寒武系	上统		西阳山组	$\in_3^2$	51～270
				华严寺组	$\in_3^1$	106～240
		中统		杨柳岗组	$\in_2$	94～453
		下统		观音堂组	$\in_1^2$	146～501
				王音铺组	$\in_1^1$	19～315
	震旦系	上统		灯影组	Z_2	20～460
		下统		南坨组	Z_1^2	96～4200
				落可砾组	Z_1^1	236
元古界	前震旦系			板溪群	Pt	>1000

九、滇、黔、桂勘探区

滇、黔、桂古生代沉积岩区

界	系	统	组			厚度,m
			云南	贵州	广西	
上古生界	二叠系	上统	长兴组 龙潭组	长兴组 龙潭组	长兴组 龙潭组	80～1600
		下统	茅口组 栖霞组	茅口组 栖霞组	茅口组 栖霞组	290～1600
	石炭系	上统 中统	马平组 威宁组	马平组 威宁组	马平组 威宁组	280～2800
		下统	德坞组 大塘组 岩关组	德坞组 大塘组 岩关组	德坞组 大塘组 岩关组	540～3100
	泥盆系	上统	宰格组	尧梭组 望城坡组	榴江组	200～1800
		中统	东岗岭组 水流组	独山组 龙洞水组	东岗岭组 应堂组	400～2800
		下统	翠峰山组	舒家坪组	四排组 郁江组	45～2344
				丹林组	那高岭组 莲花山组	
下古生界	志留系	上统 中统	韩家店组	韩家店组		0～750
		下统	石牛栏组 龙马溪组	石牛栏组 龙马溪组		0～1080
	奥陶系	上统	五峰组 临湘组	五峰组 临湘组		0～20
		中统	大菁组 上巧家组	宝塔组 牯牛潭		0～400
		下统	下巧家组 红石崖组 汤池组	湄潭组 红花园组 桐梓组		0～820
	寒武系	上统 中统	双龙潭组 陡坡寺组	娄山关组 高台组		0～1900
		下统	龙王庙组 沧浪铺组 筇树寺组 梅树村组	清虚洞组 金顶山组 明心寺组 牛蹄塘组		0～1000
	震旦系	上统	灯影组 陡山沱组	灯影组 陡山沱组		0～850
		下统	澄江组	南沱组		200～2000
元古界			昆阳群	板溪群		

十、南海勘探区(包括广东)

1.广西百色盆地三叠系以上地层

地层				代号	厚度 m
界	系	统	组		
新生界	第四系			Q	
	第三系	上新统	建都岭组	N_2j	504～801
			伏平组	N_2f	226～607
			百岗组	N_2b	230～660
		中新组	那读组	N_1n	27～975
		始—渐新统		E_{2+3}	0～367
中生界	三叠系			T	

2.广东三水盆地白垩—第三纪地层划分简表

界	系	统	组	段	代号	厚度,m
新生界	第四系				Q	78
	上第三系				$N_{(?)}$	>50
	下第三系	渐新统	华涌组	三段	E_3^3h	273～324
				二段	E_3^2h	380～500
				一段	E_3^1h	359～500
		始新统	西布组	二段	E_2^2x	30～316
				一段	E_{2x}^1	238
			布心组	二段	E_2^2b	56～568
				一段	E_2^1b	117～238
		古始统	大塱山组		E_1d	30～478

续表

界	系	统	组	段	代号	厚度,m
中生界	白垩系	上统	三水组	二段	E_{2-5}^{2-b}	>305
					E_{2-5}^{2-a}	>246
				一段	E_{2-5}^{1-b}	338
					K_{2-5}^{1-a}	266
		下统(?)			K_1^b	>43
					K_1^a	>65

3. 南海北部(北部湾)

地层					厚度,m
系	统	组	段	代号	
第四系				Q	20~104
上第三系	上新统	望楼港 佛 罗		Nw Nf	58~312 95~453
	中新统	角 尾 下 洋		Ng Nx	191~590 0~574
下第三系	渐新统	杂色岩组	一段 二段 三段	E_3	110~992 251~759 98~314
	始新统	暗色泥岩组	一段 二段	E_2	57~546 >720
	古新统	红色岩组		E_1	48~670
白垩系					
二叠系					
石炭系					

4. 广东沉积盆地

地层					厚度,m
界	系	统	组	段	
新生界	第四系				186
	上第三系	上新统	望楼港组 佛罗组		53~344 50~506
		中新统	角尾组 下洋组		98~619 0~532
	下第三系	渐新统		上段	1733
		始新统		中段	600
				下段	312
中生界	白垩系				70
古生界	石炭系				

5. 莺歌海

界	系	统	组(段)
新生界	第四系		平原组
	上第三系		莺一段 莺二段 莺三段
	下第三系		
中生界	白垩系		

参考文献

[1] 杨万里.松辽陆相盆地石油地质.北京:石油工业出版社,1985
[2] 许运新,蒋承藻,萧德铭.砂岩油田岩心描述与用途.哈尔滨:黑龙江科学技术出版社,1994
[3] 姜在兴等.层序地层学原理及应用.北京:石油工业出版社,1996
[4] 裘亦楠等.河流砂体储层的小层对比.石油勘探与开发,1987(2)
[5] 颜婉荪.钻井地质基础.北京:石油工业出版社,1981
[6] 李茂林,黎文清.油气田开发地质基础.北京:石油工业出版社,1981
[7] 张志松.早期识别油(气)藏规模的若干技术.石油勘探与开发,1990(5)
[8] 巢华庆,许运新.大庆油田持续稳产的开发技术.石油勘探与开发,1997(1)
[9] 许运新.岩心资料的科学化管理.地质科技管理,1992(3)
[10] 许运新,王渝明,谭保祥,杨明杰.松辽盆地浅层气地质特征与勘探前景.天然气工业,1995(1)
[11] 许运新.大庆长垣萨零组油气层浅层气分布特征与开发利用.石油勘探与开发,1990(4)
[12] 许运新.喇嘛甸油田气顶原始油气界面划分依据与气藏特征.天然气工业,1991(3)
[13] 许运新.大庆油田未划储油层分布特征与开发前景分析.石油勘探与开发,1992(3)
[14] 许运新等.喇嘛甸油田构造东翼萨尔图油田构造东北翼水顶以下的油层分布.石油实验地质,1994(1)
[15] 许运新.大庆油田独树一帜的砂岩体研究.石油知识,1992(3)
[16] 许运新.松辽盆地北部地区井喷情况及防喷措施.石油钻探技术,1991(4)
[17] 许运新.国内外油层套管损坏因素综合分析及预防措施.江苏油气,1991(4)
[18] 江汉石油学院测井教研室.测井资料解释.北京:石油工业出版社,1981